光行差の真実

特殊相対性理論の瓦解

成毛 清実

東京図書出版

はじめに

本書の目的は、光行差現象の"正しい"解説をすることである。
その解説を基にして、以下の指摘及び考察を述べている。

- ・ アインシュタインの $E=mc^2$ 導出論文にある間違いの指摘
- ・ マイケルソン・モーレーの実験結果の正しい考察
- ・ アラゴおよびエアリーの観測で、光速度が一定のように見える観測結果の考察

光行差現象とは、光が有限な速度で伝播するため、運動している観測者には光源である天体が真の位置よりも運動方向にわずかに変位して見える現象のことで、1725 年にブラッドレー（J. Bradley）が発見した。ブラッドレーはこの変位現象が生じる理由を光の粒子説に基づいて解説している。

一般的な光行差現象の解説は、上記の「運動している観測者にとって光源である天体が真の位置よりも運動方向に僅かに変位して見える」という現象の紹介に留まっていることが多い。間違った解説ではないのだが、「飛来する光子の姿勢」についての考慮が抜け落ちている。本書では、この光子の姿勢について解説する。

ところで、アインシュタインは論文「エネルギーと質量の等価性の初等的証明 (※)」の中で「光行差の式」を使って $E=mc^2$ の関係を導いているが、アインシュタインもまた光行差現象の扱いの中で「光子の姿勢」についての考慮が抜け落ちている。本書では、この論文の中にある光行差現象の取り扱いの間違いを解説する。

(※) アインシュタイン選集 1　pp51〜53、共立出版 [1]

また、光行差現象を光子の動きとして深く考察していくと、「光子には光源の運動が慣性として作用する」という発見に辿り着く。これが本書で紹介したいもう一つの発見であり、本書で敢えて「光行差現象の"正しい"解説」と謳っている理由である。

　「光子に働く光源運動の慣性作用」は、光子が光速度を超える速度で観測者に接近することを認めることになる。これは特殊相対性理論の「光速度不変の原理」に反することになり、おそらく、この「光子に働く光源運動の慣性作用」について言及するのは本書が初めてであろう。

　本書では、この「光子に働く光源運動の慣性作用」を用いて、マイケルソン・モーレーの実験の予想（干渉縞がズレる）に反する（ズレなかった）結果の理由を考察している。この考察では「エーテル風」は登場せず、「光速度不変の原理」や、辻褄合わせのような「ローレンツ収縮」も登場しない。

　本書では他にも、アラゴの「地球の運動による屈折の差の観測」やエアリーの「水を満たした望遠鏡での光行差角の測定」が、「変化する」という予想に反して全て「変化しなかった」という結果になった理由も考察している。

　アラゴの観測結果の考察から、一般的に言われている「任意な方位にある恒星の光行差角に関する関係式」に矛盾が見つかり、それを修正する補正係数を提示して、本書を終えている。

目次

はじめに   ···· 1

1. 光とは   ···· 7
光は、媒体の中を進む   ···· 7
光は、電磁波の一種である   ···· 9
光は、量子化されている   ··· 12
電子の量子飛躍   ··· 16
光を認識するということ   ··· 17

2. 光速度の観察と理論の歴史   ··· 19

3. ブラッドレーによる光行差の発見   ··· 24
光行差現象   ··· 24
ブラッドレーの光行差の解説   ··· 25
◇◇ 年周視差に関して ◇◇   ··· 26
星が変位して見える理由の補足説明   ··· 27
光子の姿勢に拘る理由   ··· 30

4. 光行差の解説によくある間違い   ··· 31
天文学史の試み   ··· 31
相対性理論の世界   ··· 32
相対論の正しい間違え方   ··· 33
シリーズ 現代の天文学 13 天体の位置と運動   ··· 35
光行差による見かけの角度変位の一般的な説明   ··· 36

5. 思考実験：光子の慣性についての考察   ··· 37
思考実験 1：ドップラー効果   ··· 37
媒体中を光源が移動している場合   ··· 37

媒体中を観測者が移動している場合　　　・・・ 39

　　思考実験２：光行差の再現実験　　　　　　・・・ 40

　　思考実験３：逆・光行差の実験　　　　　　・・・ 41

　　　光時計を使った思考実験　　　　　　　　・・・ 43

　　思考実験４：光放出が任意の角度の場合　　・・・ 44

6．質量とエネルギーの等価性の初等的証明　　・・・ 46

　　論文の紹介　　　　　　　　　　　　　　　・・・ 46

　　論文の間違いの指摘　　　　　　　　　　　・・・ 50

7．マイケルソン・モーレーの実験　　　　　　・・・ 54

　　マイケルソン・モーレーの実験概要　　　　・・・ 54

　　　実験の概要　　　　　　　　　　　　　　・・・ 54

　　　実験装置の概要　　　　　　　　　　　　・・・ 55

　　　観測結果の事前予想　　　　　　　　　　・・・ 56

　　　観測結果　　　　　　　　　　　　　　　・・・ 58

　　短縮仮説の登場　　　　　　　　　　　　　・・・ 59

　　特殊相対性理論の登場　　　　　　　　　　・・・ 59

　　マイケルソン・モーレーの実験の正しい考察　・・・ 61

　　　三つのモデルの図式化比較　　　　　　　・・・ 63

　　　本書 新説の解りやすいイメージ　　　　・・・ 66

　　　三つのモデルの数式比較　　　　　　　　・・・ 67

8．エアリーによる光行差観察　　　　　　　　・・・ 70

　　エアリーによる光行差観察　　　　　　　　・・・ 70

　　ボスコヴィッチ提案の観測の期待値　　　　・・・ 71

　　エアリーの観測結果の考察　　　　　　　　・・・ 72

　　フレネルの予想の真実　　　　　　　　　　・・・ 74

９．アラゴによる恒星観察実験　　　　　　・・・ 76
　　　地球の運動による屈折の差の観測　　　・・・ 76
　　　アラゴ観測の結果の正しい考察　　　　・・・ 78

１０．光行差角と光の接近速度の真実　　　・・・ 80

あとがき　　　　　　　　　　　　　　　・・・ 84

参考文献　　　　　　　　　　　　　　　・・・ 86

1. 光とは

本書で解説を進める前に、以下の4つの光の特徴を整理しておく。一般に知られている特徴の解説なので、この章は読み飛ばしていただいてもかまわない。

（1）光は、媒体の中を媒体に応じた伝搬速度で進む。
（2）光は、電磁波の一種である。
（3）光は、量子化されている。
（4）光は、光子が検出器に入射して初めて検知/検出される。

光は、媒体の中を進む

光線が空気中から水中に入射すると、その光線は水面で屈折する。水中での光の伝搬速度が空気中の伝搬速度よりも遅くなるためである。

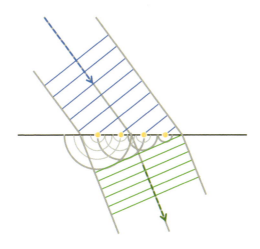

図1.1　水中へ侵入して屈折する光の波面

屈折率を n とすると、水の屈折率は $n=4/3$ で、空気中の伝搬速度を c とすると、水中での光の伝搬速度 c_n は次式となって空気中の伝搬速度よりも遅くなる。

$$c_n = \frac{c}{n} = \frac{3c}{4}$$

また、振動数 f は光が水中へ入射する前後で変わらないので、水中で伝搬速度 c_n が c の $1/n$ に変化するとき、水中での波長 λ_n も空気中で波長 λ の $1/n$ に変化する。

$$f = \frac{c}{\lambda} = \frac{c_n}{\lambda_n} = \frac{c/n}{\lambda/n}$$

ここで屈折率とは、真空中の光速を物質中の光速（より正確には位相速度）で割った値である。真空を 1 とした物質固有の値を絶対屈折率、二つの物質の絶対屈折率の比を相対屈折率と呼んで区別する場合もある。

星からの光は宇宙空間の真空を媒体として伝搬速度 c_0 で飛来する。空気の絶対屈折率は $n = 1.0003$ なので、光が大気に入射すると飛来する光の波長 λ_0 は空気中では $\lambda = \lambda_0/1.0003$ と僅かに短くなり、伝搬速度が $c = c_0/1.0003$ と僅かに遅くなって地上へと向かう。

光は、電磁波の一種である

1864 年にマクスウェルは、既に知られていた電場と磁場の相互作用の一部を拡張して、その振舞いを 4 つの偏微分方程式で表した。

① 電束密度 D に関するガウスの法則

電荷密度 ρ から電束密度 D が湧き出ている。
$$\text{div}\,D = \rho \tag{1.1}$$

② 電束密度 B に関するガウスの法則

磁気単極子（モノポール）は存在しない。
$$\text{div}\,B = 0 \tag{1.2}$$

③ ファラデーの電磁誘導の法則

磁束密度 B の時間変化がある周りには電場 E が巻く。

$$\text{rot}\,E = -\frac{\partial B}{\partial t} \tag{1.3}$$

④ 拡張されたアンペールの法則

電流 j または変位電流 $\partial D / \partial t$ の周りには磁場 H が巻く。

$$\text{rot}\,H = j + \frac{\partial D}{\partial t} \tag{1.4}$$

誘電率 ε、透磁率 μ とすると、下記の関係にあり、
$$D = \varepsilon E, \quad B = \mu H$$

真空中では j=0 なので、(1.4)式は、以下となる。

$$\text{rot}\,B = \varepsilon\mu\frac{\partial E}{\partial t} \tag{1.4'}$$

真空中には電荷が無く（ $\rho = 0$ ）、磁極 N と S も無いので、真空中を伝わる電磁波は(1.3)式と(1.4')式を使って導かれる。

電界 E が含まれる面が x 方向の直線偏波の例で言えば、[2]

(1.3)式より、y 方向の磁場強度 B_y の時間変化は、x 方向の電場強度 E_x の z 方向の空間的変化を生む。

$$\frac{\partial E_x}{\partial z} = -\frac{\partial B_y}{\partial t} \tag{1.5}$$

(1.4')式より、x 方向の電場強度 E_x の時間変化は、y 方向の磁場強度 B_y の z 方向の空間的変化を生む。

$$\frac{\partial B_y}{\partial z} = -\varepsilon_0 \mu_0 \frac{\partial E_x}{\partial t} \tag{1.6}$$

ここで、$\varepsilon_0 (\fallingdotseq 8.854 \times 10^{-12} \, F/m)$ は真空の誘電率で、$\mu_0 (\fallingdotseq 1.257 \times 10^{-6} \, H/m)$ は真空の透磁率である。宇宙空間は真空で何も無い空間ではあるが、そこは、誘電率 ε_0 と透磁率 μ_0 という物理定数を持つ「電磁場」となっている。

(1.5)式と(1.6)式を使って変形すると、以下のように電場 E_x も磁場 B_y も z 方向へ速度 c で伝搬する波動方程式の形となる。

$$\frac{\partial^2 E_x}{\partial z^2} = -\frac{\partial B_y}{\partial z \partial t} = \varepsilon_0 \mu_0 \frac{\partial^2 E_x}{\partial t^2} = \frac{1}{c^2} \frac{\partial^2 E_x}{\partial t^2} \tag{1.7}$$

$$\frac{\partial^2 B_y}{\partial z^2} = -\varepsilon_0 \mu_0 \frac{\partial E_x}{\partial z \partial t} = \varepsilon_0 \mu_0 \frac{\partial^2 B_y}{\partial t^2} = \frac{1}{c^2} \frac{\partial^2 B_y}{\partial t^2} \tag{1.8}$$

電場および磁場の伝搬速度 c は、

$$c = \frac{1}{\sqrt{\varepsilon_0 \mu_0}} \fallingdotseq 2.9979 \times 10^8 \, m/s$$

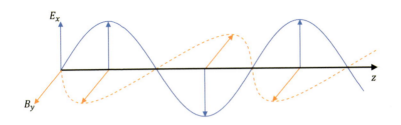

図1.2　波動方程式の解、直線偏波

　この伝搬速度 c は当時測定されていた光の伝搬速度に等しいので、光も電磁波の一種と考えられた。[2]

　この波動方程式の解は図1.2のような正弦波の例で紹介されることが多い。このため、光も連続した正弦波で伝わるイメージを持つかもしれないが、この連続波のイメージは後述するアインシュタインの光量子仮説の登場で否定される。

　また、あまり強調されてはいないが、光子には姿勢がある。

　図1.2で言えば、光子が進む方向は、E_x と B_y で作られる E_x－B_y 面に垂直な z 方向である。E_x－B_y 面の向きが変わらない限り光子が伝搬する方向は変わらない。

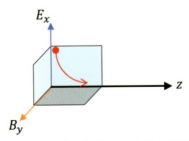

図1.3　光子（電磁波）の姿勢の説明図

また、光が物質にあたると光が進行する方向に圧力が働く。

このメカニズムはローレンツ力である。図 1.3 のように電場 E_x が x 軸に沿って振動している光が物質中の電子に当たると、電子は x 軸方向に動かされる。電場によって動かされた電子は、y 方向に発生している磁場 B_y によりローレンツ力を受ける。その方向はフレミングの左手の法則に従い、光が進行する z 方向となる。結果として、光が物質にあたると、物質は光が進行する方向に圧力（光圧、輻射圧）を受ける。[3]

光は、量子化されている

1900 年、プランクは黒体輻射における光の分布を説明するために、光のエネルギーの量子化を提案した。光のエネルギーは連続ではなくて、$E = h\nu,\ 2h\nu,\ 3h\nu,\ \cdots$ のように飛び飛びの値になっている、という提案である。ここで、h はプランク定数、ν は光の振動数である。このようにプランクは光のエネルギーの量子化を提案したが、光それ自体は正弦波のように滑らかに繋がった波だと考えていた。

1905 年、アインシュタインは光電効果を説明するために、光量子（光子）仮説を提案した。これは、光は波のように滑らかに繋がっているのではなく、小さな塊（光子）になっているという説である。

光子が小さな塊になっているとは言っても、光子に殻のようなものがあるわけではない。これは、空間的・時間的に連続していないということで、時間を止めれば、ある空間に局在しているということである。[4]

ここで光電効果とは、金属表面に光を照射すると金属表面から電子が飛び出す現象を言う。

　光電効果の特徴は、[4],[12]

- 光の強度を上げると（光を明るくすると）、飛び出る電子の数が増えるが、飛び出す電子のエネルギーは変わらない。
- 飛び出す電子のエネルギーは、照射する光の振動数（色）によって決まる。
- ある一定以上大きな振動数の光を照射しなければ電子の飛び出しは起こらず、それ以下の振動数の光ではどんなに強度を上げても電子は飛び出さない。

　アインシュタインの光量子仮説は、光子 1 個が $h\nu$ のエネルギーを持っており、この光子が電子と衝突した際に電子に $h\nu$ のエネルギーを与えて、「$h\nu >$ 束縛エネルギー」の条件を満たすとき電子が金属から飛び出す、という理論である。

　図 1.4 は、金属の種類によって束縛エネルギーが異なるので、電子が飛び出すのに必要な振動数が異なっていることを示している。

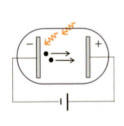
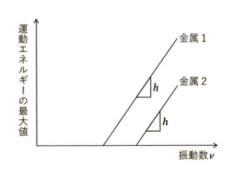

図 1.4　光電効果の説明図

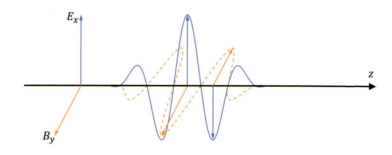

図1.5　光子の電磁波のイメージ

　光電効果は、光子が電子と衝突した瞬間に起きる電子の飛び出しで、光子の粒子性の振舞いが現れている。光の波動性の振舞いの現れとしての、振動数を持つ波としての光のエネルギーが時間をかけて蓄積されて起こる、電子の飛び出しではない。

　誤解を恐れずに光子のイメージを描けば、図1.5のように空間の中で孤立している電磁場の振動のようなイメージである。

　次の「電子の量子飛躍」の解説の理解に繋げるために、音もまた空気の振動という波の性質と、その振動が時間的・空間的に局在しているという量子（粒子）の性質を合わせ持っているということを、雷を例に以下で解説する。

　図1.6のように雷が落ちた地点から近いA地点と遠いB地点を考えた時、雷光はA地点に達し次にB地点に達するが、光の伝搬速度が非常に速いので、A地点とB地点ではほぼ同時に雷光を感じる。

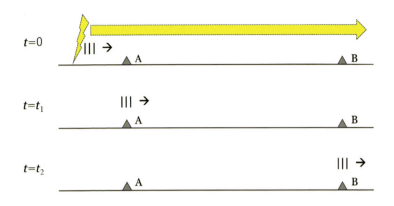

図1.6　雷鳴が時間的&空間的に局在している説明図

　一方、雷鳴（|||）は大気中を音の速度で伝搬する。音の伝搬速度は光よりも遥かに遅いので、雷が落ちた地点からの距離が違うA地点とB地点では雷鳴（|||）が聞こえるまでに時間差が生じる。

　時刻 $t=t_1$ のA地点で雷鳴（|||）が聞こえているとき、B地点では未だ雷鳴（|||）は到達していないので聞こえておらず、時刻 $t=t_2$ になってB地点に雷鳴（|||）が到達して聞こえるが、その時にはA地点ではもはや雷鳴は聞こえない。

　このように、雷光から雷鳴までの時間の間隔が短いときは「雷は近くに落ちた」と判断し、時間の間隔が長いときは「雷は遠くに落ちた」と判断している。

　このように瞬間的な時間を捉えれば、音の波もまた空間に局在しており、その意味では音もまた粒子性があると言えるだろう。

15

電子の量子飛躍

1913年、ボーアは水素原子の線スペクトルが「バルマーの式」に従うことを説明するために、量子的な原子モデルを提案した。それは、原子の内部にある電子がエネルギー順位間 ΔE を量子飛躍するとき、振動数 $\nu = \Delta E/h$ の光子を放つというモデルである。[4]

図1.7に示す矢印は幾つかの量子飛躍の例である。エネルギーレベル E_4 から E_1 へ量子飛躍した場合には、振動数 $\nu = (E_4 - E_1)/h$ の光子が一つ放たれる。

この電子の量子飛躍は単一事象である。

例えば、手を一回叩いたときに短時間の空気の振動が発生し、その振動が空気を媒体として伝わり単発の音として聞こえるように、

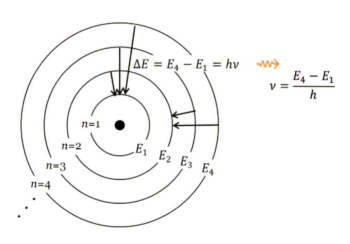

図1.7　電子の量子飛躍の模式図

一つの電子が量子飛躍すると一瞬だけ電場および磁場が振動し、その一瞬の振動が電磁場を媒体として光速度で伝搬する。これが光量子（光子）であり、正にアインシュタインの言う「光量子は時間的・空間的に局在している」という考えに合致する。

　光の発生源というと、太陽、炎、蛍光灯、等が思い浮かぶが、その内部では無数の原子が持つ夫々の電子が熱や電気のエネルギーを受けて励起し、次には安定状態へ戻るべく量子飛躍を起こしており、この量子飛躍こそが光の根本の発生源なのである。

光を認識するということ

　目に入ってきた光は、まず網膜の視細胞に当たり、光の持つエネルギーで視細胞の中で光化学変化を起こす。次に、そこで生じた化学物質が視神経を刺激し、その刺激による信号が、視神経を通して目から大脳まで伝わる。そして、大脳の視中枢で信号が処理され（それまでの経験によって学習した内容と比較されて）、対象の形や明るさ色として認識される。[5]

　視細胞の中で起こる化学変化は、波としてのエネルギーが時間をかけて蓄積されて引き起こすのではなく、光電効果のように光子が入射した瞬間に化学変化を引き起こす。一瞬にして星を捉えることができるのも、この光電効果の瞬間の作用である。[5]

　つまり、光子の検出は、網膜にしてもカメラやその他の検出器にしても、その光子が検出器に入射してくる必要がある。だから、空間を伝搬中の光（光子）の横の姿を見ることは出来ないのである。

コンサート会場などでレーザー光線が伸びている映像を見ることがあるが、これは、レーザー光の進路に漂う水蒸気のようなダストに光子が散乱されてカメラに飛び込んできた光子を捉えた結果であって、決して空気中を進んでいる光子の横の姿を捉えているわけではない。

　また、相対性理論の解説本によく登場する光時計の思考実験で、図1.8のような光の進む姿を横から眺めたような解説があるが、上記のように光の横の姿は捉えられないのだから、光の進む姿は「心眼」で観た想像図ということになる。

　また、思考実験で観測者が光の横の姿を心眼で捉えているとき、それは光速度を超える速度無限大の信号で、観測者からどんなに離れていても瞬時に心眼に届くと仮定している。つまり、OP間とOP$_1$間に距離の違いがあっても、光の姿が心眼に届くまでの時間は変わらない（時間を要しない）という暗黙の仮定が存在している。

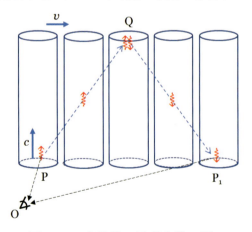

図1.8　光時計の思考実験の例

2. 光速度の観察と理論の歴史

　光速度の観察とそれに関わる理論の歴史を概説する。

表2.1　光速度の観察とそれに関わる理論の歴史[6]

1675 年 レーマー	木星の衛星による光速度の測定
1725 年 ブラッドレー	光行差現象の発見
1810 年 アラゴ	地球の運動による屈折の差の観察 （屈折率の変化は観測されず）
1818 年 フレネル	エーテル随伴説の提唱 （エーテル風は地球を吹き抜ける）
1851 年 フィゾー	流水中の光の伝搬速度の観察 （エーテル随伴説を支持する結果）
1864 年 マクスウエル	電磁場の基本方程式 （光は電磁波の一種）
1871 年 エアリー	水を満たした望遠鏡で光行差の観察 （光行差角の変化は観測されず）
1887 年 マイケルソン・モーレー	大気中のエーテル風の観測 （エーテル風は観測されず）
1904 年 ローレンツ	短縮仮説の提唱 （エーテル風を受け物体は短縮する）
1905 年 アインシュタイン	光量子仮説（光は粒子性も持つ）、 特殊相対性理論（$E=mc^2$ の導出、 運動している物体は収縮する）

1675 年 レーマー：木星の衛星による光速度の測定

木星の衛星の食の周期の変化から光速度を算出した。

衛星が食に入る周期に変化が起こるのは、次の食に入るまでに地球が公転軌道上を移動して木星からの距離が変化していて、その距離の差を光が進む時間だけずれを生じさせるからと考えた。観測結果から、光が地球の公転軌道の直径を横切るのに 22 分かかり、光速度は約 23 万 km/s と見積もられた。

1725 年 ブラッドレー：光行差現象の発見

恒星の見かけの変位現象から光速度を算出した。

恒星の年周視差の観測を試みていた時に予想とは異なる方角に星が変位する光行差現象を発見した。星の見かけの変位現象が地球の公転運動に起因するものと考察して、変位角度と既に知られていた地球の公転速度から光速度を 3×10^8 m/s と見積もった。これは現在知られている値に限りなく近い。

1810 年 アラゴ：地球の運動による屈折の差の観察

1784 年にミッチェルが「恒星からの光の異常屈折」を予想し、この検証を 1810 年にアラゴが「恒星に対する地球の運動による屈折の差の観察」で実施したが、結果は予想に反して「屈折率に変化なし」という観察結果となった。

近代科学の源流[6] には、この実験の詳細な記述がないが、相対性理論の世界[8] には、この観察と思われる記載がある。

それは、公転面に平行に入射する星からの光の焦点距離の変化の観察で、地球が星に向かうときと、半年後に星から遠ざかるときと

で焦点距離が異なるはず、という予想の検証である。しかし、観測結果はどちらも焦点距離は変わらなかった。

一見「光速度不変の原理」が働いているような結果であるが、本書で正しい考察を解説する。

1818年 フレネル：エーテル随伴説の提唱

光の波動説が主流となり、宇宙空間で光を伝搬する媒体（エーテル）の存在が考えられた。フレネルは、その中を公転運動している地球にはエーテル風が吹き抜けているとする説を提唱した。エーテルが吹き抜ける風速は物質の屈折率に依存する（随伴係数）という説である。フレネルはこのエーテル随伴説で、

- 1810年のアラゴの観察（屈折率の変化を確認できなかった）結果の理由付けを行った。
- 後の1871年のエアリーの観測（水を満たした望遠鏡でも光行差角の変化なし）結果を予想した[※]。

[※] 手紙の掲載図面は「光行差角が変化しない」ように描かれているが、一方で、導出されている数式では水の屈折率に応じて「光行差角が変化する」形が示されている。

1851年 フィゾー：流水中の光の伝搬速度の観察

フレネル随伴係数を検証しようとして、流水中の光の伝搬速度の観察を行った。光の進行速度は流水の速度と水中での光の伝搬速度の単純合成になると思われたが、フレネルが提唱するエーテル随伴説に従う速度を観測した。この実験はマイケルソンも追試を行い、同様の結果を得ている。

エーテル風の存在は、マイケルソン・モーレーの干渉実験で完全否定されるのだが、フィゾー及びマイケルソンがこの観察実験でエーテル随伴説に従う随伴係数を得る結果になった理由は、不明である。筆者も未だ解明できずにいる。

1864 年 マクスウェル：電磁場の基本方程式

電磁場の基本方程式（前出）から、電磁波は横波で光の速度で伝わることを導出し、光は電磁波の一種であるとした。この電磁波の存在の予言は、1888 年のヘルツによって実験的に検証され、当時これはエーテルの存在を証明した実験とみなされた。その結果、エーテルは電磁的媒体と考えられるようになった。

1871 年 エアリー：水を満たした望遠鏡で光行差の観察

1766 年にボスコヴィッチが水中光行差の測定を提案し、「水を満たした望遠鏡で光行差を観察したなら、光の水中での伝搬速度の変化で光行差角が変化する」と予想した。エアリーが観測を実施したが、予想に反して観測結果の光行差角は変わらなかった。

本書で、「光行差角は変わらなかった」理由を解説する。

1887 年 マイケルソン・モーレー：大気中のエーテル風の観察

マイケルソンは、フィゾー実験（流水中の光の伝搬速度の観察）の追試を行って、エーテル随伴説を支持する結果を得ていた。

そこで 1887 年にマイケルソンは、モーレーと共同で大気中を吹き抜けるエーテルの風速の観測を試みた。それは、南北方向（エーテル風の影響小）に往復させた光と東西方向（エーテル風の影

響大）に往復させた光を干渉計で受けて干渉縞の変化を観測する実験であったが、予想に反して干渉縞の変化は観測されず「エーテル風は吹いていない」の結論に達した。

当時の「エーテル風は吹いていない」の認識は、「エーテルは地球に浸透していて、地球と一緒に運動している」の認識である。

1904 年　ローレンツ：短縮仮説

ローレンツは、光行差現象を波動説で説明するために必要な「大気中のエーテル風の吹き抜け」を考慮し、且つ「マイケルソン・モーレーの観測結果」も説明できる「短縮仮説」を提唱した。

エーテル風を受けて全ての物体が等しい比率で短縮するという仮説である。この仮説は、アインシュタインの特殊相対性理論の登場でお墨付きを得ることとなる。

本書では、短縮仮説を使わずにマイケルソン・モーレーの観測結果を説明する。

1905 年　アインシュタイン：光量子仮説、特殊相対性理論

1905 年にアインシュタインは、光電効果の現象を説明するために光量子仮説を発表した。同年、光速度不変の原理に基づいた特殊相対性理論を発表し、$E=mc^2$ の関係を導出、またエーテル風を考慮することなく、静止している観測者から見て「運動する物体はローレンツが提唱した短縮が起こる」ことを見出した。

本書では、$E=mc^2$ 導出における光行差現象の取り扱いの間違いを指摘する。

23

3. ブラッドレーによる光行差の発見

光行差現象

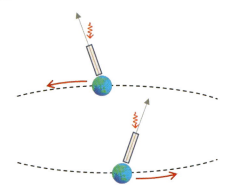

図3.1 地球の公転と見かけの恒星の方角

　望遠鏡で星を観測すると、星の位置は地球が公転運動で移動する前方に変位して見える。この変位現象を光行差といい、1725年にブラッドレーによって発見され、1728年にその変位の原因が光行差にあるとの考えに到達した。

　例えば、図3.1のように星からの光が地球の公転面に対して垂直に降り注いでいる場合、望遠鏡を地球の公転方向に向けて僅かに傾けなければ、望遠鏡でその星を捉えることは出来ない。

　半年後には地球の公転方向は逆向きになっているが、その時もその星を観測するためには、望遠鏡を公転方向に向けて同じ角度だけ傾けなければならない。

　一年を通して様々な星を観測すると、天球上の極にある星は小円を描き、横道付近の星は直線を描く。

ブラッドレーの光行差の解説

図3.2　ブラッドレーの光行差の解説図

ブラッドレーは、友人ハレーに宛てた手紙の中で図3.2を使って光行差が生じる理由を解説している。

以下、参考文献[6]からの引用。

観測者がBにいるときに光の粒子はCにいて、観測者がBからAへと移動する間に、光の粒子がCからAへと移動する関係にあると考える。このとき、観測者はAでCから飛来した光の粒子を捉える。

CBを光の粒子が1個だけ通れる細い筒と考えると、Cから飛来する光の粒子は、細い筒が∠DBCをなしながら、BからAへと観測者と一緒に運動する場合にだけ筒BCを通過することができる。同様にして、観測者がDからAへと、前とは逆の向きに同じ速度で運動する場合も、筒は∠BDCをなしてなければならない。

1 年を通した観察で∠ACB を 20"2 [※] とすれば、AC：AB、すなわち、光速度：観測者の速度（地球の公転速度）の比は、10210:1 となる。結果、光は太陽、地球間を 8 分 12 秒で移動または伝搬することになる。

[※] 20.2 秒角、1 秒角は 1 度の 1/3600

彼の観測は、観測値の天頂を通る龍座γ星にはじまり、他の恒星へと及んだ。手紙の中では、龍座γ星の 1 年を通した観察結果を表で示し、そこから光の太陽－地球間の伝搬時間を 8 分 12 秒と見積もった。これがレーマーの予測値の約 11 分に近いということで、この推定の正しさを伝えている。[6] 彼の観測値から導かれる光速度は 2.98×10^8 m/s で、現在知られている数値に非常に近い。

◇◇ 年周視差に関して ◇◇

ところで、彼の観測の最初の意図は、地球の軌道運動を利用しての恒星の年周視差を検証することであった。そのため、高精度な角度測定ができる望遠鏡を使っていた。しかし、光行差による観測値は、年周視差から予想されるものとは全く違っていた。

彼は、大熊座η星について同様の観測結果を示し、観測の信憑性を詳述した後、恒星の年周視差がそれでも見出せなかったことから、恒星の年周視差の値は 1" 以下となるであろう、と予言してハレーに宛てた手紙を終えている。[6]

26

星が変位して見える理由の補足説明

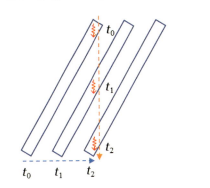
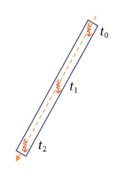

（a）宇宙で静止している　　　（b）地球と共に運動して
　　観測者Bの視点　　　　　　　　いる観測者Cの視点

図3.3　光の粒子が望遠鏡の中を通過する様子

「星が変位して見える理由」の理解が重要なので、もう少し詳しく解説する。

図3.3（a）は、観測者Aが公転面に垂直に飛来する星からの光を地上の望遠鏡で捉える様子を示している。このときの視点は宇宙空間で静止している観測者Bの視点である。地球（望遠鏡）が動いている様子と、光が進む様子を捉えている。

宇宙空間を伝搬してきた光が大気に突入して地上へと向かい、やがて望遠鏡の先端に入射する。望遠鏡は横に移動しており、一部の光子を先端に取り込む。下向き波矢印が望遠鏡内に取り込んだ光子を表しており、ブラッドレーが言う光の粒子に相当する。

27

時間 τ の間に、光速度 c の光子は望遠鏡の中を真下に $c\tau$ だけ直進し、公転速度 v の地球上にある望遠鏡も $v\tau$ だけ真横に移動する。

望遠鏡の傾き θ が下記の関係にあるとすると、

$$\theta = \tan^{-1}\left(\frac{v\tau}{c\tau}\right) = \tan^{-1}\left(\frac{v}{c}\right)$$

望遠鏡が進行方向に向けて角度 θ だけ傾いている場合にだけ、光子は望遠鏡の内壁で吸収・散乱されることなく直進し、望遠鏡から抜け出るので、観測者 A は星からの光を捉えることができる。

図3.3（b）は、観測者 A と共に移動している観測者 C の視点である。この場合、望遠鏡の横方向の移動は無くなる。

このとき観測者 C は、光子が望遠鏡の中を光速度 c で真下に向かう姿勢を保ち、観測者 A に対してその横の姿を晒しながら、横方向に公転速度 v で観測者 A に接近している様子を見ることになる。

矢印で示した光子の観測者への接近方向は θ の角度をなしているが、姿勢は下向きのまま変わらない。

光子の観測者 A への接近速度 u は、光の伝搬速度 c と観測者の移動速度 v との合成速度の次式となる。

$$u = \sqrt{c^2 + v^2} > c$$

この接近速度 u は光速度 c を超える。しかしこの例では、光子は望遠鏡の中の空気という媒体で決まる一定の伝搬速度 c で真下に向かって進んでいるだけである。媒体の中を、光速度を超えて進んでいるわけではない。

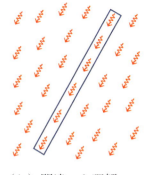

（a）正しい理解　　　　　　（b）間違った理解

図3.4　光行差現象の光子の姿勢も考慮した正しい理解

ここまで、一つの光子が望遠鏡に入って通り抜ける場合を考察してきたが、実際には星からの光子は辺り一面に満遍なく降り注いる。これを考慮すると、ある瞬間における望遠鏡の中は図3.4（a）のように真下向きの光子で満たされている、と想像できる。

時間とともに、望遠鏡が速度 v で横に移動し、望遠鏡の中に充満した光子群も下に向かって速度 c で伝搬し、光子群が連続的に望遠鏡から抜け出る。これが、移動する観測者が角度 θ に傾いた望遠鏡で星の光を連続的に捉えることができる理屈である。

傾けた望遠鏡で星からの光を連続的に捉えているからといって、光子が図3.4（b）のように傾けた望遠鏡の中を軸に沿って直進伝搬していると考えるのは間違いである。

29

光子の姿勢に拘る理由

1.2節で述べたように、光の圧力は光子の伝搬方向に働くから、光子の姿勢を正しく考慮する必要がある。

図3.4の（a）では、移動している観測者が、垂直に降り注ぐ光を捉えるために望遠鏡を傾けているが、望遠鏡内の光子は真下に向かう姿勢を保っている。この場合、望遠鏡から抜け出た光子による光圧は、光子の伝搬方向である真下に働く。

一方、図3.4（b）は光行差現象の理解として間違っているが、このような場合も起こり得る。例えば、静止している観測者が、角度 θ の方向に静止している光源から発せられた光を観測する場合である。この場合、望遠鏡内の光子は角度 θ の傾きを持っていて、望遠鏡から抜け出た光子による光圧は、角度 θ の方向に働く。

4. 光行差の解説によくある間違い

天文学史の試み[7]

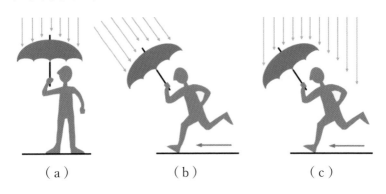

図4.1　光行差現象の雨粒の例え

天文学史の試み[7]では、図4.1（a）（b）に示すような絵を使って光行差現象を「雨が降る様子」に例えて解説している。

（a）雨が降り注ぐ中を観測者が静止していれば、傘は垂直に差さなければなりません。
（b）観測者が自走していていれば、観測者から見て雨が斜めに降り注ぐので傘を斜めに差さなければなりません。

図4.1の（a）（b）どちらも、傘を差している人を、静止している別の観測者A（図示せず）が捉えた画像である。この場合、この観測者Aが見て（b）のように、雨が斜めに降り注ぐ絵になることはない。観測者Aが見るのは、図（c）のようでなければならない。結果、自走している人が見る雨粒の姿勢は、静止時の（a）と同じ「下向き」である。

相対性理論の世界[8]

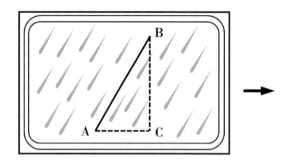

図4.2　光行差現象の雨滴の例え

この本では、図4.2に示すような絵を使って、雨が降り注ぐ中を電車が移動していて、車窓から見える雨滴の落ちてゆく軌跡に例えて光行差を解説している。

以下、参考文献[8]からの引用。

電車の窓ガラス越しに見える雨滴は、電車が動いている場合には上前方から下後方へ落ちてゆくように見えます。これは、雨滴は電車の速度に関係なく上から下へと落ちていて、その間に電車は前進しているので、電車内の人から見ると、雨粒はあたかも後方に向かって降っているように見えます。

この解説でも、雨粒の姿勢についての考慮が欠けていて、雨粒の姿勢までもが斜めに傾くような絵になっている。軌跡が斜めになることは有っても、姿勢が斜めに傾くことはない。

相対論の正しい間違え方[9]

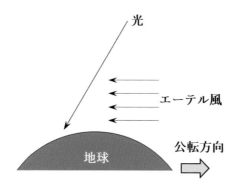

図4.3　エーテル風による光の傾き

　この本では、光の波動説が主流になっていた時代の、マイケルソン・モーレー実験（1887年）の時代に科学者が考えていた光行差現象の解釈（フレネルのエーテル随伴説）を紹介している。

以下、参考文献[9]からの引用。

　物理学者たちは、光行差現象を、エーテルに対して地球が動いているからだとした。エーテル風がビュービュー吹いている中を光が落ちてくるために斜めに降ると考えた。

　光行差現象を、エーテルに対して地球が動いていることの証とした場合、図4.3のように、地球の表面までエーテルの風が吹いているとする必要がある。雨粒の例で考えればわかるが、いくら上空で風が吹いていて雨粒が流されているとしても、実際に観測している場所が無風であるならば、雨は真上から落ちてくることになるからである。

ただし、この考え方は明らかに間違えている。宇宙空間に光を伝える媒体としてのエーテルが満ちているとして、そのエーテルの中を公転運動している地球は、進行方向の前方からエーテル風を受けるであろう。しかし、エーテルの中を伝搬飛来してきた光には、地球が受けるエーテル風は吹き付けてはいない。

　これも雨粒の例で考えればわかることである。無風状態の中で垂直に降り注ぐ雨の中を観測者が走ると、観測者は前方からの横風を受ける。しかし、この観測者が受ける横風は雨粒には吹き付けてはいない。図4.1（c）のように、雨粒は変わらずに垂直に降り注ぐ。つまり、地球が受けるエーテル風によって光が押し流されて入射角度が変位するという理屈は、成り立たないのである。

　むしろ図4.4のように、光は地球の大気に突入するときに大気の横風を受けるであろう。この大気の横風は、光を地球の進行方向側へと押し流すはずで、これは光行差現象でみられる角度変位とは逆方向になる。ただし、後述するが、大気の横風による角度変位は無視できるほどに小さいと思われる。

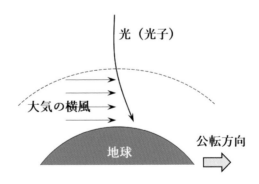

図4.4　光子が大気に突入した際に受ける大気の横風

シリーズ 現代の天文学 13 天体の位置と運動[10]

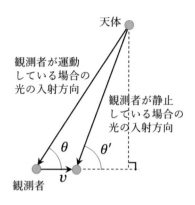

図 4.5　光行差の解説図
（θ と θ' のコメントが逆だったので筆者が入れ替えている）

　図 4.5 に示す図も光行差の解説によく使われる。この図では、三角形の頂点に天体があって、観測者の運動により「天体（光源）から直進伝搬してくる入射光の角度が変わる」かのような誤った図になっている。発見者ブラッドレーの解説図にある三角形の頂点は、望遠鏡の先端である。

　図 4.5 で言えば、角度 θ' が静止している観測者に向かって飛来する天体からの光の入射角度である。そして、年周視差は非常に小さいので、角度 θ' は地球が公転軌道のどこにあっても変わらない。

　そして、公転速度 v で運動する観測者が角度 θ' で入射する光を捉えるためには、「望遠鏡を角度 θ に傾けなければならない」というのが光行差現象である。観測者の運動によって、天体から直進飛来する光の角度が θ'→θ に変位する訳ではない。

光行差による見かけの角度変位の一般的な説明

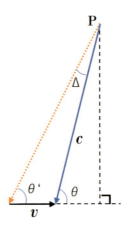

図4.6　一般的な光行差角の関係図[6]

第 10 章で補正をするが、一般的な説明[6]は次の通りである。

図4.6で静止時の黄緯を θ、みかけの黄緯を θ'、光行差角を Δ、光速度 c、公転速度 v、光子が望遠鏡内を通り抜ける時間を τ とすれば、　$c\tau \cdot \sin \Delta = v\tau \cdot \sin \theta'$　だから、一般式として、

$$\frac{v}{c} = \frac{\sin \Delta}{\sin \theta'} = \frac{\sin \Delta}{\sin(\theta - \Delta)} \tag{4.1}$$

ブラッドレーの図3.2は、$\theta = 90°$ にある場合で、このとき、

$$\frac{v}{c} = \frac{\sin \Delta}{\sin(90 - \Delta)} = \frac{\sin \Delta}{\cos \Delta} = \tan \Delta \tag{4.2}$$

以上のように、「光子が望遠鏡内を通り抜ける時間」を基に考えているので、三角形の頂点 P は天体ではなく望遠鏡の先端である。

5. 思考実験：光子の慣性についての考察

　この章では、現象の応用で、「移動する光源」から放たれた光を、「静止している観測者」が捉える場合の４つの思考実験を紹介する。この思考実験のポイントは、「放たれる光の伝搬方向」と「光源の移動方向」との関係である。

実験	光源	観測者
光行差観察	静止（恒星）	光伝搬方向と垂直に移動
思考実験１	光伝搬方向と平行に移動	静止
思考実験２	静止	光伝搬方向と垂直に移動
思考実験３	光伝搬方向と垂直に移動	静止
思考実験４	光伝搬方向と任意角に移動	静止

思考実験１：ドップラー効果

媒体中を光源が移動している場合

　図5.1のように、光源が媒体に対して速度 v で移動しながら、その進行方向に振動数 f の光の波を発しているとする。

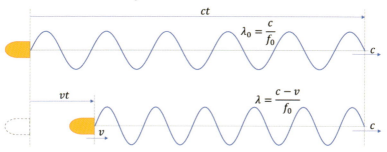

図5.1　思考実験１（ドップラー効果）

光源から放たれた光は媒体中を速度 c で伝搬し、t 秒後に ct の位置にある。放たれた光の振動数を f_0 とすると、t 秒間に放たれた光の波数は $f_0 \cdot t$ である。

　光源が速度 v で光の進行方向に移動しているとすると、t 秒後に放たれる光は vt だけ先頭の光に近づいて放たれる。放たれた光の波数は $f_0 \cdot t$ で変わらないから、$(ct-vt)$ の区間に $f_0 \cdot t$ 個の波が収まっていることになるので、媒体中を伝搬する光の波長 λ は、

$$\lambda = \frac{c-v}{f} = \lambda_0 \frac{c-v}{c} \tag{5.1}$$

に変調される。ここで、$\lambda_0 = c/f_0$ で、光源が媒体に対して静止（$v=0$）しているときの波長である。

　この光を媒体中に対して静止している観測者が受光する場合、その光の振動数 f は 1 秒間の伝搬距離 c の中にある波長 λ の波の数になるので、

$$f = \frac{c}{\lambda} = f_0 \frac{c}{c-v} \tag{5.2}$$

となる。所謂ドップラー効果で、光の波動性の現れである。

　媒体の中を移動している光源から、光源移動の方向に向けて発せられた光のドップラー効果をまとめると、
・光源の移動速度に依存せず、媒体で決まる伝搬速度で進行する。
・光源の移動速度に依存して、波長が変調されて伝搬する。

　『光源の移動速度は、光の進行速度に影響を与えない』というのは、この例に示す「光源移動と同じ方向」に向けて放たれた光の場合のことである。

媒体中を観測者が移動している場合

　図 5.2 のように、波長 λ_0 の光が +x 方向に伝搬している場合を考える。光の横の姿を捉えることが出来ると仮定する。

　観測地点で静止している観測者 A の目の前を $t=1$ 秒間に通過する波数（振動数）f_0 は、光の速度を c とすると、

$$f_0 = \frac{ct}{\lambda_0} = \frac{c}{\lambda_0} \tag{5.3}$$

　次に、-x 方向に速度 v で移動している観測者 B の目の前を同じく $t=1$ 秒間に通過する波数（振動数）f を求める。観測者 B は t=1 秒の間に vt だけ -x 方向に移動しているので、観測者 A よりも vt 間にある波数を余計に観測することになるから、観測者 B の目の前を通過する波長 λ_0 の波数（振動数）f は、

$$f = \frac{ct + vt}{\lambda_0} = \frac{c+v}{\lambda_0} = f_0\left(1 + \frac{v}{c}\right) \tag{5.4}$$

と、観測者 B からは、「波長 λ_0 の光が $(c+v)>c$ の速度となって目の前を横切っている」ように見えることになる。

　ただし、観測者が動いていたとしても「光は媒体中を光速度 c で伝搬している」という状況に変わりはない。

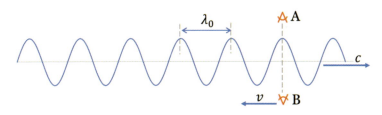

図 5.2　媒体中を移動している観測者と光の伝搬速度

思考実験２：光行差の再現実験

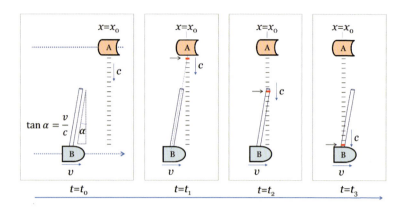

図５.３　思考実験２（光源＝静止、観測者＝移動）の説明図

図５.３のように、光源船 A が宇宙空間で x 座標 $x=x_0$ に静止していて、レーザービーム光を観測船 B の飛行経路に向けて放っている。ビーム光の発射角は光源船 A の経路に対して垂直で、観測船 B の経路への入射角も垂直であるとする。

観測船 B は速度 v で $+x$ 方向に飛行している。観測者 B が細長い望遠鏡でこの光を捉えるには、望遠鏡は光行差の原理から、進行方向に $\alpha = \tan^{-1}(v/c)$ だけ前方に傾ける必要がある。

$t=t_1$ の位置関係にあるときに放たれた赤色表示の光子（以下、赤色光子）が、$t=t_2$ で望遠鏡の先端に入射し、$t=t_3$ で望遠鏡の終端に到達する。これによって観測船 B の観測者 B は、$x=x_0$ 点を通過する一瞬に光源船 A から発せられた赤色光を捉えることができる。この時、観測者 B への赤色光子の接近速度 u は、

$$u = \sqrt{c^2 + v^2} > c \tag{5.5}$$

光はあくまでも媒質中を媒質で決まる伝搬速度 c で伝搬している。これに観測者 B の移動速度 v がベクトル合成され、合成速度 u となって観測者 B に接近している。

思考実験３：逆・光行差の実験

図５.４のように、観測者 B が乗る観測船 B が $x=x_1$ で静止していて、光源船 A がレーザービーム光を垂直に発しながら速度 v で-x 方向に等速運動している場合を考える。この図では、時間が右から左へと流れているように描かれている。

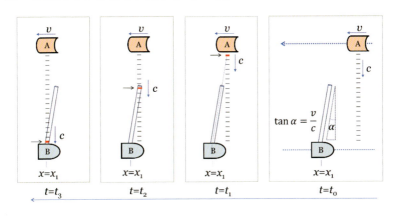

図５.４　思考実験３（光源=移動、観測者=静止）の説明図

この状況は思考実験２と相対的に等価[注1]である。

[注1]：厳密に言えば、思考実験３では光源は媒体に対して移動しており、光源から放たれた光は媒体に入射したときに、媒体の横風を受けることになる。ただ、真空中を想定した思考実験なので、真空という媒体の横風の影響は無視できると考えられる。

思考実験 3 は思考実験 2 と相対的に等価なので、相対性原理に基づいて、以下の 3 項目が再現される必要がある。

①　光源船 A に乗る観測者 A は、垂直に遠ざかっていくレーザービーム光を見る。

②　観測船 B に乗る観測者 B は、細長い筒の中を横の姿を晒しながら接近してくる光を見る。

③　観測者 B がビーム光を捉えたとき、光源船 A は垂直線上にある。

結論から言えば、上記の 3 項目は、図 5.4 に示すように「光源の移動は、光源から発せられる光子に慣性として作用する」と考えると、再現させることができる。

図 5.4 で、$t=t_1$ で光源から発せられた赤色光子は、光源移動と同速度で横方向に移動する。$t=t_2$ で赤色光子は望遠鏡の先端に入射し、$t=t_3$ で赤色光子は望遠鏡の終端に達する。このとき、光源船 A は観測船 B の垂直上にある。このとき、光子は観測者 B へ横の姿を晒して接近する。接近速度 u は(5.6)式で、(5.5)式と一致する。

$$u = \sqrt{c^2 + v^2} > c \tag{5.6}$$

観測者 B への接近速度 u は光速度 c を超えているが、光子はあくまでも媒体中を媒体で決まる伝搬速度 c で伝搬している。光源の移動速度 v が光子の慣性として作用している形である。

以上の思考実験から、光源移動速度の光子の伝搬方向に対する直交成分は、光子への慣性として働く、と考えられる。これは、質量の無い光子が粒子のように振舞う性質となっている。

42

光時計を使った思考実験

思考実験3を、「運動している系では時間が遅れる」という説明によく使われる『光時計の思考実験』に置き換えてみる。

図5.5（a）は光時計が静止している場合、（b）は光時計が x 方向に速度 v で移動している場合である。

運動系で、光時計の点Pから光子が放たれたとき、光子は光時計内の媒体中を y 方向に速度 c で伝搬し、x 方向へは速度 v の慣性で移動する。P→Q_1 へと進む見かけの速度は $u = \sqrt{c^2 + v^2}$ となる。

運動系では、光子の見かけの移動距離 Z は、$L=c\Delta t$ を考慮して、$Z = \Delta t\sqrt{c^2 + v^2}$ と長くなるが、みかけの速度も同じ比率で速くなっているので、光子が天井の点 Q_1 に達する時間は $t=Z/u=\Delta t$ で、静止系と変わらない。

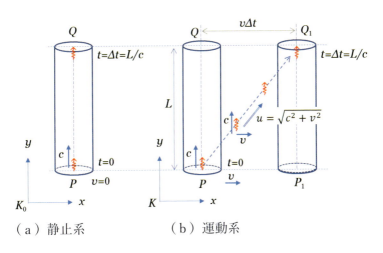

（a）静止系　　（b）運動系

図5.5　光時計の思考実験

一般的な光時計の解説では、「光速度不変の原理」に従って、光子が $P \rightarrow Q_1$ へ移動する見かけの速度 u は $u=c$ とされている。しかし、「光子の姿勢」と「光源移動の慣性作用」を考慮するなら、見かけの速度 u は $u = \sqrt{c^2 + v^2}$ のように変化するはずである。

思考実験4：光放出が任意の角度の場合

ここは少しマニアックなので、飛ばしてもらっても構わない。

思考実験1（ドップラー効果）は光源の移動方向に対して平行な方向へ光を放つ場合で、思考実験3（逆・光行差の実験）は光源の移動方向に対して垂直な方向へ光を放つ場合であった。

この思考実験4では、光源の移動方向に対して任意の角度で光を放つ場合の、光の進行方向と波長変調を考察してみる。

図5.6において、光源が y 軸に対して角度 θ を成して速度 v で等速運動していて、O 点で y 方向にある Y 点に向けて光子を放ったとする。光源の移動速度 v を、光子の放出方向に対する直交成分 v_x と平行成分 v_y に分けると、$v_x = v \sin\theta$、$v_y = v \cos\theta$ である。

平行成分 v_y はドップラー効果（思考実験1）により波長変調に吸収され、伝搬速度は媒体で決まる c を維持する。変調後の波長 λ は、静止時に放たれる波長を λ_0 とすると、次式になる。

$$\lambda = \lambda_0 \frac{c - v_y}{c} = \lambda_0 \frac{c - v \cos\theta}{c} \tag{5.7}$$

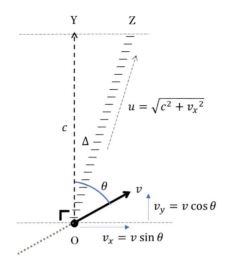

図５.６ 移動光源から任意の角度で放たれた光子の進行方向
（O 点から Y 点に向けて放たれた光子の軌跡、波面で表記）

直交成分 v_x は思考実験３の考察に基づき慣性として働き、進行速度 u は伝搬速度 c と v_x の合成速度となる。

$$u = \sqrt{c^2 + v_x{}^2} = \sqrt{c^2 + (v \sin\theta)^2} \geq c \tag{5.8}$$

また、Y 方向に向けて放たれた光は、v_x によって次式の Δ だけ変位し、Z 方向に向かって進む。

$$\Delta = \tan^{-1}\frac{v_x}{c} = \tan^{-1}\frac{v \sin\theta}{c} \tag{5.9}$$

この節では光源が移動する場合を考察したが、逆に観測者が移動する場合に観測される光の角度変位（光行差角）の「正しい一般解」の考察は、第１０章で解説している。

6. 質量とエネルギーの等価性の初等的証明

この章では、アインシュタインの「質量とエネルギーの等価性の初等的証明」[1]、所謂 $E=mc^2$ の初等的証明の論文を紹介し、この証明の中にある光行差の取り扱いの間違いを指摘する。本書の最重要な章である。

質量とエネルギーの等価性の初等的証明は、次の三つの「すでに知られた法則」だけを用いる、という書き出しで始まる。
1. 運動量保存の法則
2. 輻射圧の式、すなわち一定方向に進む輻射の複合体の運動量
3. よく知られた光行差の式

論文の紹介

以下が、この論文[1] からの引用である。

いま、次のような系を考える。物体 B が座標系 K に対して空間に力を受けずに静止しているとする。

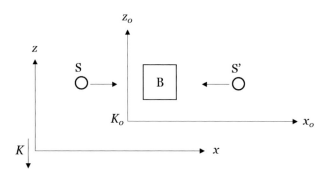

図 6.1 思考実験における二つの系の説明図

二つの輻射複合体 S、S' はおのおの $E/2$ のエネルギーをもってそれぞれ正負の x_0 方向に進み、最後に B に吸収される。この吸収によって B のエネルギーは E だけ増加する。物体 B は対称性の理由により K_0 に対して静止を続ける。

同じ過程を K_0 に対して一定の速度 v で負の z_0 方向に動いている座標系 K から眺めたとしよう（図 6.1）。その場合、K に関しては上の過程の記述は次のようになる。

物体 B は正の z 方向に速度 v で動いている。二つの輻射複合体は、今度は K に対しては x 軸と角 α をなす方向を持っている（図 6.2）。光行差の法則によれば、第一近似で $\alpha = v/c$（ただし c は光速度）である。K_0 における考察から、B の速度は S および S' の吸収のあとで変わらないことがわかる。

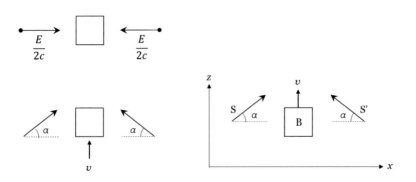

図 6.2 二つの系における観測者から見た輻射体の進行経路

さて、座標系 K において z 方向の運動量保存の法則をこの系に適用してみよう。

1. 吸収前の B の質量を M とすれば、Mv は B の運動量を表す。おのおのの輻射複合体は $E/2$ のエネルギー、したがってマックスウエル理論のよく知られた結果から、$E/2c$ [※] の運動量を持っている。厳密にいえば、これは S の K_0 に関する運動量である。(※著者注：原文では E/c^2)

   しかし、v が c に比べて小さければ、運動量の z 成分は、$(E/2c)\sin\alpha$ あるいは十分な正確さで（高次の量を無視して）$(E/2c)\alpha = (E/2c)(v/c)$ である。したがって、S と S' を合わせて Ev/c^2 の運動量を z 方向に持っている。吸収の前における系の全運動は、したがって、$Mv+(E/c^2)v$ となる。

2. 吸収ののちの B の質量を M' とする。ここで、エネルギー E を吸収したため質量が増加したことが予言される（これは考察の最後の結果に矛盾が生じないために必要である）。吸収ののちの運動量は、したがって

$$M'v \tag{6.1}$$

である。

さて、運動量保存の法則を z 方向に対して適用すれば

$$Mv + \left(\frac{E}{c^2}\right)v = M'v \tag{6.2}$$

すなわち

$$M' - M = \frac{E}{c^2} \tag{6.3}$$

この式は、エネルギーと質量の等価性を表す。エネルギーの増加 E に対して質量の増加 E/c^2 が伴う。通常の定義によれば、エネルギーは付加定数だけ不足のままであるから

$$E = Mc^2 \tag{6.4}$$

になるようにこれを選ぶことができる。

以上、論文の引用。

さてここで、論文の重大な間違いを指摘する前に、この思考実験の図6.1にある些細な違和感を指摘しておく。

この思考実験では、静止系（K_0）において、輻射体（光子）が物体 B に対して垂直に入射することになっている。

これは「輻射体の光源は、物体 B と共に静止している」ということを意味する。少なくとも z_0 方向の運動は無いはずである。

なぜなら、光源と物体に z 方向の相対速度があるならば、光行差の考察から、静止している物体 B への輻射体の入射角が垂直にはならないからである。

一方で、図6.1では z_0 軸が輻射体 S の右側にあって、輻射体 S は運動系 K 系から物体 B に向かうように描かれている。

しかし、上述のように、輻射体 S は静止系 K_0 の中にある光源から放たれていると理解すべきだから、光源を描かないにしても、z_0 軸は輻射体 S の左側に描かれるべきであろう。

49

論文の間違いの指摘

この論文は、以下の 2 点の論理が明らかに間違っている。

1. (6.3)式から(6.4)式への飛躍

(6.3)式までの導出の過程が正しいと仮定しても、(6.3)式の左辺の $M' - M$ は輻射複合体を吸収する前後の物体 B の質量の変化分である。だから、(6.3)式の右辺は「吸収された輻射複合体の合計質量」を求めている式である。

しかし、続いて書かれている「変換できる理由」によって、この理由はよく理解できないが、(6.3)式が(6.4)式に変換される際に、「$M' - M$」が「単独の M（物体 B の質量）」に入れ替わっている。この「変換できる理由」が正当でない限り、ここに論理の飛躍がある。

2. 伝搬経路と見かけの進行経路の混同：**最重要ポイント**

アインシュタインもまた、図３.４（ｂ）で示した「光行差現象の間違った理解」を犯していることを解説する。

図６.３は、図６.１の輻射体 S 側に注視して書き直した図である。輻射体の表記を○から 〰 に変更して姿勢を明確化し、時間の経過による物体 B の位置および輻射体の位置とその時の姿勢を描いている。図面はそれぞれ、以下に対応する。
（ａ）は静止系（K_0）
（ｂ）は筆者が考える運動系（K）
（ｃ）はアインシュタインが考えた運動系（K）

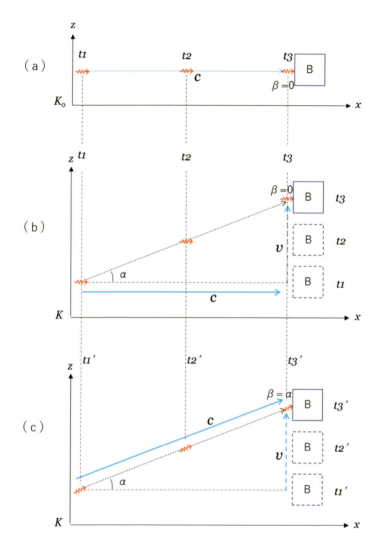

図6.3 アインシュタイン論文「質量とエネルギーの等価性の初等的証明」の間違い解説図

51

まず、図6.3（c）アインシュタインの考え、を解説する。

アインシュタインは、論文の中で輻射体の運動量の z 方向成分を論文の説明分中で以下のように言及しているので、

$$\left(\frac{E}{2c}\right)\sin\alpha = \left(\frac{E}{2c}\right)\left(\frac{v}{c}\right) \tag{6.5}$$

運動系の観測者から見ると、輻射体の水平だった姿勢が、「見かけの進行角度 $\alpha = \sin^{-1}v/c$ に変化して、その角度で物体 B に入射する（入射角 $\beta = \alpha$）」と考えている。これは、図3.4（b）にある「光行差の解説によくある間違い」そのものである。

次に、図6.3（b）筆者の考え、を解説する。

「光行差の正しい理解」（図3.4（a）参照）によると、輻射体の姿勢は図6.3（a）と変わらない、というのが真実であるから、輻射体は、図6.3（c）と同様に z 方向へ観測者の移動速度 v で遠ざかるが、その姿勢は x 軸に平行な姿勢を保ち、x 方向へ光速度 c で媒質中を伝搬する。結果、観測者が見る輻射体の見かけの進行角度は $\alpha = \tan^{-1}v/c$ となる。

輻射体 S は、物体 B へ入射角 $\beta = 0°$ （水平姿勢）で入射するので、（6.5）式は、

$$\left(\frac{E}{2c}\right)\sin 0 = 0 \tag{6.6}$$

となって、輻射体 S の運動量の z 方向成分は 0、もう一方の輻射体 S' の運動量の z 方向成分も同様に 0 なので、（6.2）式の左辺第二項はゼロとなり、

$$Mv + 0v = M'v \tag{6.7}$$

この結果、(6.2)式の中にあった E/c^2 の項が消えて無くなり、輻射複合体の入射前後の、物体 B の質量増分$(M' - M)$と、輻射体のエネルギーE との関係性を導出できなくなる。

以上、正しい光行差の考察に基づけば、この論文の思考実験からは $E=mc^2$ の関係式を導き出すことは出来ない、というのが結論である。

尚、これは「初等的証明の論文」の『間違い』を指摘するものであって、$E=mc^2$ の関係式そのものを否定するものではない。

余談になるが、図6.3（c）に示すように $\sin \alpha = v/c$ の関係にあるとすると、空間と時間に「歪み」が生じる。

輻射体がΔt の時間でx軸方向に移動する距離 L	
静止系：図6.3（a）	$L_a = c \cdot \Delta t_0 = L_0$
運動系：図6.3（b）	$L_b = c \cdot \Delta t_0 = L_0$
運動系：図6.3（c）	$L_c = \Delta t_c \cdot \sqrt{c^2 - v^2}$

1. どの系も時間の進みが同じ（$\Delta t_0 = \Delta t_c$）とすれば、

$$L_c = \Delta t_0 \cdot \sqrt{c^2 - v^2} < L_0 = \Delta t_0 \cdot c_0$$

運動系の L_c が静止系の L_0 より縮んでいる。特殊相対性理論ではx方向の短縮は起きないので、この仮定に矛盾がある。

2. x軸方向の移動距離が同じ（$L_0 = L_c$）とすれば、

$$\Delta t_c = \frac{L_c}{\sqrt{c^2 - v^2}} = \frac{L_0}{\sqrt{c^2 - v^2}} = \frac{ct_0}{\sqrt{c^2 - v^2}} > \Delta t_0$$

時間の進みで、運動系の Δt_c が静止系の Δt_0 と比べて大きく、運動系の時間がゆっくりと進むことを承認することになる。

7. マイケルソン・モーレーの実験

この章では、以下の流れで解説する。
・マイケルソン・モーレーの実験概要
・ローレンツの短縮仮説の登場
・マイケルソン・モーレーの実験の正しい考察

マイケルソン・モーレーの実験概要

実験の概要

光の波動説が確立すると、波の振動を伝える媒体を「エーテル」と名付けて、エーテル探しが行われていた。そのエーテルは以下のような性質を持つと考えられていた。

1. 宇宙空間には、恒星からの光を伝搬する媒体（エーテル）が満ちている。
2. エーテルは宇宙空間で静止している（静止エーテル）。
3. 静止エーテル中を公転運動している地球は、エーテルの風を受けている。
4. エーテルの風は地上でも吹き抜けている（フレネルのエーテル随伴説）。

この、地上で吹き抜けている「エーテルの風」を観測しようとしたのがマイケルソン・モーレーの実験（1887年）である。

実験装置の概要

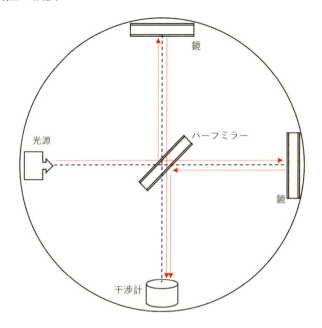

図 7.1　実験装置の概要[6],[11]

　図 7.1 のような装置を使い、光源から出た光を、ハーフミラーによってお互いに直角な 2 方向に分け、これらを再び鏡によって逆進させ、2 本の光線を一緒にして干渉させた。[6]

　装置全体は回転台に載っており、ゆっくりと回転させながら、360°を 16 等分したそれぞれの位置に来た時に干渉縞の変化を計測している。[6]

　予想では、地球の運動やエーテル風の影響による光速の差および光路の差で、干渉縞が移動するはずだった。

観測結果の事前予想

以下、参考文献[6] を引用しつつ、少し説明を加筆。

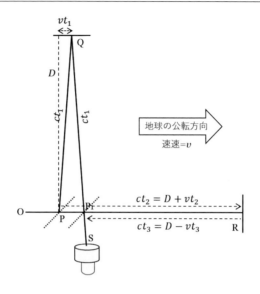

図7.2 地球の公転運動を考慮した実験系

図7.2で、静止エーテル中を装置全体が OR 方向へ地球の公転速度で動いているとする。

まず、P→Q→P₁ルートに進む光の往復光路長 PQP_1 を求める。

いま光が P から Q へ到達する所要時間を t_1 とすると、光が到達したときに Q は vt_1 だけ公転方向に移動しているので、この間に光が移動した距離 ct_1 は、

$$(ct_1)^2 = D^2 + (vt_1)^2 \tag{7.1}$$

$$t_1 = \frac{D}{\sqrt{c^2 - v^2}} = \frac{D}{c} \frac{1}{\sqrt{1 - (v/c)^2}} \tag{7.2}$$

従って、光が移動した距離 ct_1 は、

$$ct_1 = \frac{cD}{\sqrt{c^2 - v^2}} = \frac{D}{\sqrt{1 - (v/c)^2}} \tag{7.3}$$

反射光の復路の Q から P_1 への移動距離も同じく ct_1 だから、結果、往復光路長 PQP_1 は、

$$PQP_1 = ct_1 + ct_1 = \frac{2D}{\sqrt{1 - (v/c)^2}} \approx 2D\left(1 + \frac{1}{2}\left(\frac{v}{c}\right)^2\right) \tag{7.4}$$

次に、P→R→P_1 ルートに進む光の往復光路長 PRP_1 を求める。

いま光が P から R へ到達する所要時間を t_2 とすると、光が到達したときに R は vt_2 だけ公転方向に移動しているので、この間に光が移動した往路 PR の距離 ct_2 は、

$$ct_2 = D + vt_2 \tag{7.5}$$

$$t_2 = \frac{D}{c - v} \tag{7.6}$$

(7.6)式を(7.5)式に代入して、往路 PR の移動距離 ct_2 は、

$$ct_2 = D + \frac{vD}{c - v} = \frac{cD}{c - v} = \frac{D}{1 - v/c} \tag{7.7}$$

次に復路の R から P_1 へ到達する所要時間を t_3 とすると、光が到達したときに P_1 は vt_3 だけ公転方向に移動している。

この間に光が移動した距離 ct_3 は、

$$ct_3 = D - vt_3 \tag{7.8}$$

だから、

$$ct_3 = \frac{cD}{c + v} = \frac{D}{1 + v/c} \tag{7.9}$$

したがって、光路長 PRP_1 は、(7.7)式と(7.9)式から、

$$PRP_1 = \frac{D}{1 - v/c} + \frac{D}{1 + v/c} = \frac{2D}{1 - (v/c)^2} \approx 2D\left(1 + \left(\frac{v}{c}\right)^2\right) \tag{7.10}$$

光路長 PRP_1 と PQP_1 の光路差 ΔL は、(7.4)式と(7.10)式から、

$$\Delta L = PRP_1 - PQP_1 \approx D\left(\frac{v}{c}\right)^2 \tag{7.11}$$

装置全体を 90° 回転させると、この差は反対の方向に現れ、それゆえ干渉縞の変位 ΔL_2 は、ΔL の約 2 倍になり、

$$\Delta L_2 = 2\Delta L = 2D\left(\frac{v}{c}\right)^2 = 2D \times 10^{-8} \tag{7.12}$$

観測結果

実験装置の距離 D は約 11m（光源の黄色光波長 λ の 2×10^7 倍）で、干渉縞は(7.12)式から $\Delta L_2 = 0.4\lambda$ となり、光源波長の 0.4 倍の変化を示すはずであった。

しかし、方角や昼夜を変えて何度観測しても、この 1/20 以下の変化しか観測されず、結局、「地上にエーテル風は吹き抜けていない」という結論に至った。

以上、参考文献を引用。

短縮仮説の登場

フィッツジェラルド（1893 年）とローレンツ（1895 年）は、それぞれ独立に、光行差現象を波動説で説明するために必要な「大気中のエーテル風の吹き抜け」の考え方を維持し、且つ「マイケルソン・モーレーの観測結果」も説明できる「短縮仮説」を提唱した。

それは、「エーテルに対して速度 v で運動するすべての物体は、運動の方向に(7.13)式の割合で短縮する」という仮説である。

$$\frac{1}{\gamma} = \sqrt{1 - (v/c)^2} < 1 \tag{7.13}$$

この短縮仮説を認めれば、 (7.10)式の D を D/γ で置き換えて、光路長 PRP_1 は、

$$PRP_1 = \frac{2 \cdot D/\gamma}{1 - (v/c)^2} = \frac{2D}{\sqrt{1 - (v/c)^2}} = PQP_1 \tag{7.14}$$

となって、(7.4)式の PQP_1 と一致し、光路差が無くなり干渉縞の変化が起きない、という辻褄になる。

特殊相対性理論の登場

アインシュタインは、1905 年に特殊相対性理論を発表した。
特殊相対性理論には以下の二つの原理がある。[8]

第一原理「相対性の原理」：
お互いに相対的に一様な運動をしている２つの座標系（慣性系）では、あらゆる自然法則は同じ形式で現れ、そこに絶対的な一様な運動を区別するどんな方法もない。

第二原理「光速度不変の原理」：

光は常に真空中を一定の速さ c で伝搬し、光源と観測者との相対運動には無関係である。

この理論を使って、マイケルソン・モーレーの実験の結果は、観測者の立ち位置に依って、次のように説明される。

１）　観測者が地上にいる場合

第一原理により、絶対的な運動の基準である静止エーテルやエーテル風の概念が入り込む余地が無くなり、長さの短縮は生じない。第二原理により、光速度はどの方向も一定なので、PQP、PRP のそれぞれの往復に時間差は生じなくなり、装置を回転させても干渉縞の変化が生じない。

２）　観測者が地球外で静止している場合

「光速度不変の原理」に加えて「観測者から見て相対速度を持って運動している物体の長さが縮んで見える」という物理が働く。縮む割合は、フィッツジェラルド・ローレンツの短縮仮説と同じ(7.13)式に従うとし、結果、光路差が無くなり干渉縞の変化が生じない。

しかし、「短縮仮説」は、特殊相対性理論に裏付けされたと言われても、やはり違和感がある。短縮（収縮）に働く力というのが不明であり、どのような物質も一様に同じ比率で縮まる、ということが受け入れ難いのではないだろうか。

次節では、光行差現象の正しい理解に基づいて、マイケルソン・モーレーの実験結果を考察した。

60

マイケルソン・モーレーの実験の正しい考察

改めて図7.3にマイケルソン・モーレーの実験の解説図を示す。

まず、この図は、観測装置自体が地球の公転方向に移動しているように描かれているので、「地球外で宇宙空間に静止している観測者（地球外観測者）」の視点になっている。

いま P で分岐して Q にある反射鏡へ向かう光子を考える。

光行差現象の正しい理解から、「光子は垂直姿勢を保ち、y 方向へ光速度 c で伝搬する」ことが分かっているので、

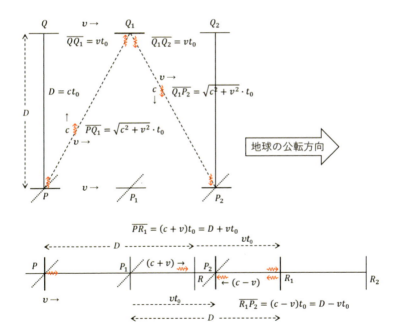

図7.3　光子の放出方向が光時計の進行方向と直交している場合

まず地上の観測者の視点で、光子が $P{\rightarrow}Q$ 間を移動する時間 t_0 は、

$$t_0 = \frac{D}{c} \tag{7.15}$$

地球外観測者の視点では、光子が反射鏡に到達したときに反射鏡は vt_0 だけ x 方向に移動した Q_1 にあり、見かけの移動距離 $\overline{PQ_1}$ は、

$$\overline{PQ_1} = \sqrt{D^2 + (v \cdot t_0)^2} = \frac{D}{c}\sqrt{c^2 + v^2} \tag{7.16}$$

光子の見かけの進行速度 u_y は、x 軸方向の速度 v と y 方向の光速度 c の合成速度になって、

$$u_y = \sqrt{c^2 + v^2} \tag{7.17}$$

見かけの移動時間 t は、(7.16)式と(7.17)式から、

$$t = \frac{\overline{PQ_1}}{u_y} = \frac{D}{c} = t_0 \tag{7.18}$$

復路も同じなので、結果、$P{\rightarrow}Q_1{\rightarrow}P_2$ の往復時間 t_{PQP} は、

$$t_{PQP} = 2t_0 = \frac{2D}{c} \tag{7.19}$$

次に、P で分岐して R にある反射鏡へ向かう光子を考える。

P で分岐した光が t_1 秒後に反射鏡 R に到達したとき、R は vt_1 だけ x 方向に移動した R_1 にある。光子は大気中を R_1 に向かって光速度 c で伝搬し、その大気は公転速度 v で光子を運んでいる。地球外観測者が見る光子移動速度 u_{x1} は合成速度の $u_{x1} = c + v$ となる。

地球外観測者が見る見かけの往路の距離 PR_1 は、

$$\overline{PR_1} = u_{x1} \cdot t_1 = (c + v)t_1 = D + vt_1 \tag{7.20}$$

(7.20)式から $ct_1=D$ なので、見かけの往路の移動時間 t_1 は、

$$t_1 = \frac{D}{c} = t_0 \tag{7.21}$$

R_1 に達した光子は反射鏡で反射され P_1 方向へ向かう。地球外観測者が見る光子の復路の移動速度 u_{x2} は、光子の伝搬方向とは逆方向に地球が公転速度 v で移動しているので、$u_{x2} = c - v$ となる。

光子が t_2 秒後にハーフミラーへ到達するとき、P_1 は vt_2 だけ x 方向に移動した P_2 にあるので、見かけの復路の移動距離 R_1P_2 は、

$$\overline{R_1P_2} = u_{x2} \cdot t_2 = (c - v)t_2 = D - vt_2 \tag{7.22}$$

(7.22)式から $ct_2=D$ なので、見かけの往路の移動時間 t_2 は、

$$t_2 = \frac{D}{c} = t_0 \tag{7.23}$$

$P \to R_1 \to P_2$ の往復時間 t_{PRP} は、(7.21)式と(7.23)式から、

$$t_{PRP} = t_1 + t_2 = 2t_0 = \frac{2D}{c} \tag{7.24}$$

(7.19)式と一致し、光路の違いで往復の時間差は生じない。

三つのモデルの図式化比較

「マイケルソン・モーレー予想」と「短縮仮説」及び「本書 新説」の考え方を図7.4から図7.6で図式化して比較した。

PQP を往復する「光子姿勢」と、PRP を往復する光子の「見かけの移動速度」に注目して眺めてもらいたい。

■ マイケルソン・モーレーの予想

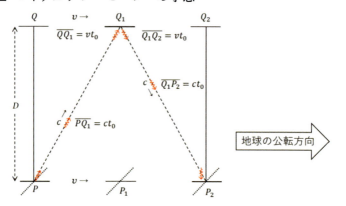

図 7.4　マイケルソン・モーレー予想：PQ_1P_2 及び PR_1P_2

■ 短縮仮説

PQ_1P_2 の考え方はマーケルソン・モーレー予想と同じ。

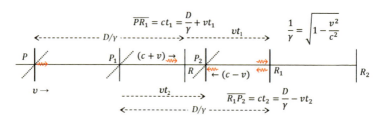

図 7.5　ローレンツ、アインシュタイン：PR_1P_2

■ 本書 新説

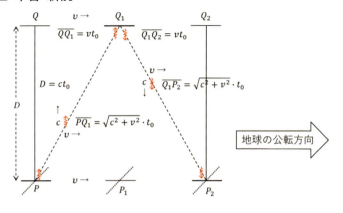

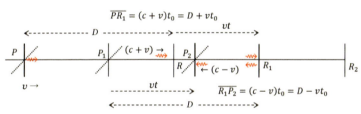

図 7.6　本書：PQ_1P_2、PR_1P_2

違いのまとめ

距離	図 7.4	図 7.5	図 7.6
$\overline{PQ_1} =$ $\overline{Q_1P_2} =$	ct_0	ct_0	$\sqrt{c^2+v^2} \cdot t_0$
$\overline{PR_1} =$	$ct_1 = D + vt_1$	$ct_1 = \dfrac{D}{\gamma} + vt_1$	$(c+v)t_0$ $= D + vt_0$
$\overline{R_1P_2} =$	$ct_2 = D - vt_2$	$ct_2 = \dfrac{D}{\gamma} - vt_2$	$(c-v)t_0$ $= D - vt_0$

本書 新説の解りやすいイメージ

　本書が提唱する新説の解りやすいイメージを図7.7に示す。

　穏やかな海上を海岸線に沿って速度 v で航走する豪華客船の甲板上にプール ABDC があって、Q から Q_0 に向かって速度 s で泳ぐ泳者 M と、R から R_0 に向かって同じく速度 s で泳ぐ泳者 N がいる。プール ABCD は、t 秒後に x 方向へ vt だけ移動して A'B'C'D' の位置にくる。この様子を岬の上から眺めている人がいる。

　岬の上から眺めている人は、泳者 M が y 方向へ向いた姿勢を保って y 方向に速度 s で進みながら、x 方向へは航走速度 v で移動している様子を見るだろう。また、泳者 N が泳ぐ速度 s と航走速度 v の合成速度 $s+v$ で x 方向に進んでいる様子を見るだろう。

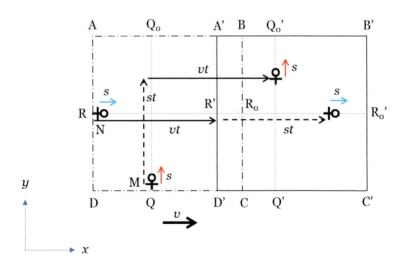

図7.7　客船甲板上のプールで泳ぐ人を岬の上から眺める例え

下表は、図7.7と図7.3の各要素の対比である。

図7.3の要素	図7.7の要素
静止エーテル	海
地球	豪華客船
大気	プールの水
光子 〜〜	泳者 ♀
地球外観測者	岬の上から眺めている人

三つのモデルの数式比較

次項では、数式の違いも一覧表にして比較してある。

観測者の視点には、装置が空間の中を移動する様子を捉えることができる「地球外の観測者」の視点と、装置とともに空間の中を移動している「地上の観測者」の視点、の二通りがある。

特殊相対性理論では、この二つの視点の違いで、時間の進む速度や装置の長さが変わるとされているので、視点を分けて記述する必要がある。

マイケルソン・モーレーは装置が移動している様子を考えているので、地球外の観測者の視点とした。短縮仮説を唱えたローレンツ他の視点も同様に、地球外の観測者の視点とした。

アインシュタインの考え方には二つの視点で数式を表記し、本書もアインシュタインの考えと比較するために二つの視点で並べて表記してある。

■ マイケルソン・モーレー、ローレンツ・フィッツジェラルド

地球外の観測者

項目		マイケルソン、他	ローレンツ、他
エーテル風		$v_e (= 0)$	$v_e > 0$
光路長	PQP	$\dfrac{2cD}{\sqrt{c^2 - v_e{}^2}}$	$\dfrac{2cD}{\sqrt{c^2 - v_e{}^2}}$
	PRP	$D\left(\dfrac{c}{c - v_e} + \dfrac{c}{c + v_e}\right)$	$\dfrac{D}{\gamma}\left(\dfrac{c}{c - v_e} + \dfrac{c}{c + v_e}\right)$
進行 速度	PQP	c	c
	PRP	c	c
往復時間		$t_{PQP} = \dfrac{2D}{\sqrt{c^2 - v_e{}^2}}$ $t_{PRP} = \dfrac{2cD}{c^2 - v_e{}^2}$ 予想は $t_{PQP} \leq t_{PRP}$ 結果は $t_{PQP} = t_{PRP}$ $\therefore \ v_e = 0$	$t_{PQP} = \dfrac{2D}{\sqrt{c^2 - v_e{}^2}}$ $t_{PRP} = \dfrac{2c}{c^2 - v_e{}^2} \cdot \dfrac{D}{\gamma}$ $= \dfrac{2D}{\sqrt{c^2 - v_e{}^2}}$ $= t_{PQP}$

ここで、γ ファクターは下記。

v_e は地上でのエーテルの風速、v_r は地球の公転速度。

$$\frac{1}{\gamma} = \frac{\sqrt{c^2 - v_e{}^2}}{c} = \sqrt{1 - \left(v_e/c\right)^2} = \sqrt{1 - \left(v_r/c\right)^2} \leq 1$$

■ アインシュタイン、本書

地球外の観測者

項目		アインシュタイン	本書
エーテル風		観測できない	大気中に入らない
光路長	PQP	$\dfrac{2cD}{\sqrt{c^2 - v_r{}^2}}$	$\dfrac{2D}{c}\sqrt{c^2 + v_r{}^2}$
	PRP	$\dfrac{D}{\gamma}\left(\dfrac{c}{c - v_r} + \dfrac{c}{c + v_r}\right)$	$D\left(\dfrac{c + v_r}{c} + \dfrac{c - v_r}{c}\right)$
進行速度	PQP	c（光速度不変）	$\sqrt{c^2 + v_r{}^2}$
	PRP	c（光速度不変）	$c + v_r \ , \ c - v_r$
往復時間		$t_{PQP} = \dfrac{2D}{\sqrt{c^2 - v_r{}^2}}$ $= t_{PRP}$	$t_{PQP} = \dfrac{2D}{c}$ $= t_{PRP}$

地上の観測者

項目		アインシュタイン	本書
エーテル風		観測できない	大気中に入らない
光路長	PQP	$2D$	$2D$
	PRP	$2D$	$2D$
進行速度	PQP	c（光速度不変）	c
	PRP	c（光速度不変）	c
往復時間		$t_{NS} = t_{EW} = \dfrac{2D}{c}$	$t_{NS} = t_{EW} = \dfrac{2D}{c}$

8. エアリーによる光行差観察

エアリーによる光行差観察

1725 年のブラッドレーの光行差現象の発見とその考察を受け、1766 年にボスコヴィッチが「水を満たした望遠鏡では光速度の違いから異なった光行差を示すはずだ」という提案をした。

この観測は 1871 年にエアリーによって実施され、結果は予想に反して「水を入れない場合と変わらない光行差角」を示した。近代科学の源流[6]では、「フレネル理論通り、水を入れない場合と変わりないことを確かめた」となっている。

フレネル理論とは、後に完全否定されるエーテル随伴説のことであるが、本章の目的は、エーテル随伴説を使わずにエアリーの観測結果の「水を入れない場合と変わらない光行差角」になる理由を説明することにある。

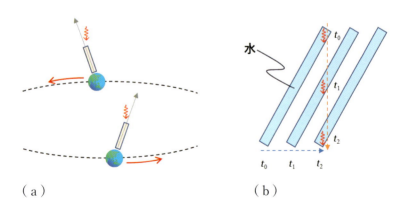

図 8.1　水が満たされた望遠鏡内による光行差観察実験

近代科学の源流[6] には、エアリーの観測装置の詳細が載っていないが、図8.1（b）のように水を満たした望遠鏡で、一年を通して恒星の方位観測を行ったものと推察される。

ボスコヴィッチ提案の観測の期待値

まず、ボスコヴィッチ提案の観測の期待値を粒子説で考える。

現在は、水中での光速度は空気中よりも遅くなることが分かっていて、水の屈折率 n は $n=4/3$ なので、水中の光速度 c' は $c'=c/n=3c/4$ となり、空気中の光速度 c の 75%になる。

図8.2は、ボスコヴィッチ提案の観測をした場合の光行差の期待値を示す。この期待値は、(8.1)式にある通り、「水を満たした望遠鏡で観測した光行差角 Δ' は、水を入れない望遠鏡で観測した光行差角 Δ よりも大きくなる」である。

$$\tan \Delta' = \frac{\overline{AB}}{P'B} = \frac{v}{c/n} = n \cdot \tan \Delta > \tan \Delta \tag{8.1}$$

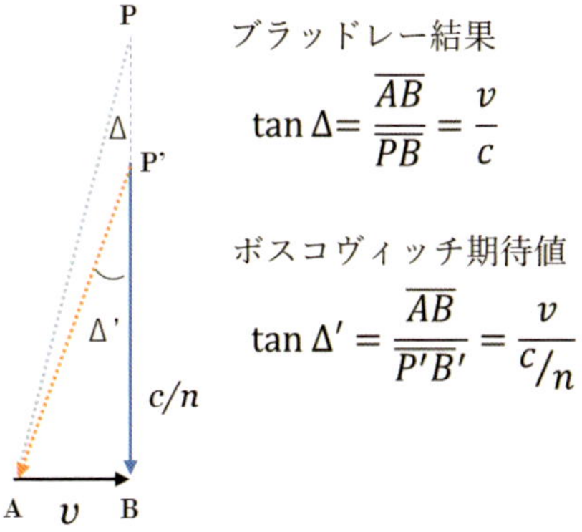

P

ブラッドレー結果

$$\tan \Delta = \frac{\overline{AB}}{PB} = \frac{v}{c}$$

ボスコヴィッチ期待値

$$\tan \Delta' = \frac{\overline{AB}}{P'B'} = \frac{v}{c/n}$$

図8.2　ボスコヴィッチ提案（エアリー観測）の期待値

エアリーの観測結果の考察

エアリーの観測結果は、前述のように、予想（期待値）に反して、「水を満たした望遠鏡の光行差角は、水を入れない望遠鏡の光行差角と同じ」であった。

期待値に反する結果になった理由の考察で考慮に入れるのは、「媒体による横風の影響」である。この場合、望遠鏡内の媒体は水になる。望遠鏡と共に横に移動している水の中に光子が突入するので、「光子はある割合で水（媒体）とともに望遠鏡の進行方向に流される」と考える。この割合を求める。

図8.3に示す観測装置を考える。大気中を公転面に垂直に光速度 c で進んできた光子が、$t=0$ で水を満たした望遠鏡の先端 P へ入射したとする。

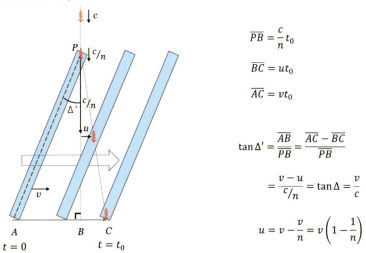

図8.3　光行差角が変化しない理由の考察

光子は、望遠鏡内の水の中を鉛直方向に c/n の速度で進みながら、同時に望遠鏡が移動する x 方向へ速度 u で流されると仮定する。ここで n は水の屈折率である。

　望遠鏡の先端 P に入射した光子が $t=t_0$ で望遠鏡の終端から抜け出る時、望遠鏡の終端は A から C へ移動している。

　このとき、$\overline{PB}$、$\overline{BC}$、$\overline{AC}$ は、t_0 間に、光子が媒体中を伝搬する距離、光子が媒体に流される距離、地球の公転移動距離で、

$$\overline{PB} = \frac{c}{n}t_0 \tag{8.2}$$

$$\overline{BC} = ut_0 \tag{8.3}$$

$$\overline{AC} = vt_0 \tag{8.4}$$

望遠鏡に水を満たしたときの光行差角 Δ' が、水を入れていないときの光行差角 Δ と同じだったので、

$$\tan\Delta' = \frac{\overline{AB}}{\overline{PB}} = \frac{\overline{AC} - \overline{BC}}{\overline{PB}} = \frac{v-u}{c/n} = \tan\Delta = \frac{v}{c} \tag{8.5}$$

$$u = v - \frac{v}{n} = v\left(1 - \frac{1}{n}\right) \tag{8.6}$$

　水の屈折率が $n=4/3$ で、光子が横に流される速度 u が(8.6)式にしたがい $u=v/4$ となっていれば、光行差角の変化は起こらない。これが「光行差角が変化しなかった理由」ではないだろうか。

　また(8.6)式に従えば、媒体が空気の場合、屈折率 $n=1.0003$ だから $u=0.0003v$ となり、光子が大気の横風によって横に流されることによる光行差角への影響はほぼ無いと推察される。

フレネルの予想の真実

1871年のエアリーの観測は、1766年にボスコヴィッチが提案した「水を満たした望遠鏡による光行差観察」を実施したものだが、フレネルはエアリーの結果が判明する約50年前の1818年にアラゴへ宛てた手紙の中で、ボスコヴィッチ提案に対してエーテル随伴説を適用するとして、エアリーの観測結果を予測している。

近代科学の源流[6]では、1871年のエアリーの観測結果に対して、「フレネル理論通り、水を入れない場合と変わりないことを確かめた」という解説になっているが、フレネルが予想した真実はどうも違うようだ。本節では、この真実を紹介する。

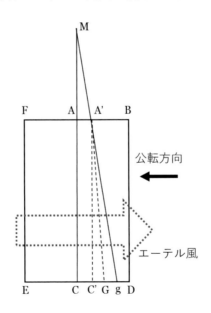

図8.4　フレネルの手紙にあった解説図

フレネルがアラゴへ宛てた手紙には、図8.4に示す解説図面が載っていて、ここでFBDEは水を満たした顕微鏡で、地球の公転方向は図中の右から左とし、エーテル風は逆に図中の左から右に吹いている設定を考えている。

黄道に垂直な線ACの延長上に照準点Mがあって、光線MAはエーテル風によって流されてMA'となる。光はA'で水に入射するので屈折してA'→Gと向かうが、水の中を吹き抜けるエーテル風によって右側へ押し流されて、光の進路はA'→gとなる。

この図では、M→A'→gまでが直線のように描かれていて、確かに、「空中の光行差角∠AMA'と水中の光行差角∠C'A'gが同じである」と予想しているように見える。一方で、手紙にはC'g長を表す数式も記載されていて、手紙に記載されている通りの記号を使って書き出すと、

$$C'g = A'C'\frac{t}{d'}$$

tが地球の公転速度、d'が水中での光の速度ということなので、地球の公転速度を v、水中での光の速度を c'、に記号を書き直して、$\tan\Delta'$を空気中の光速度cと水の屈折率nで表すと、

$$C'g = A'C'\frac{v}{c'}$$

$$\tan\Delta' = \tan\angle C'A'g = \frac{C'g}{A'C'} = \frac{v}{c'} = \frac{v}{c/n} \tag{8.7}$$

と、粒子説の(8.1)式と等しい（屈折率で光行差角が変化する）式が導出されている。フレネルは「エーテル随伴説でも粒子説と同じ期待値を予想できる」ことを示しているのではないだろうか。

9. アラゴによる恒星観察実験

地球の運動による屈折の差の観察

1784年にミッチェルが恒星に対する地球の運動による屈折率変化、「地球が恒星に近づく時と遠ざかる時とでは光の速度に差ができ屈折も異なるはず」の観測を提案した。この観測は1810年にアラゴによって実施され、結果は予想に反して「屈折率は変化せず」であった。一見、「光速度不変の原理」が働いているように見える観測結果だが、本章でこの結果が出現する真因を解説する。

「近代科学の源流」[6]にはアラゴの観測実験の解説が書かれておらず実験の詳細は不明だが、フレネルがアラゴへ宛てた手紙の内容からするとプリズムを使った実験かもしれない。ただ、「相対性理論の世界」[8]にアラゴの観測実験と思われる記述があり、ここではそれを引用して図9.1に示す。

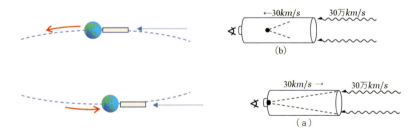

図9.1　地球の公転の向きとレンズ焦点の関係予想図

この観測の期待値は、「観測する恒星に向かって地球が運動しているときの焦点と、6ヶ月後に地球が恒星から遠ざかっているときに観測したときの焦点が異なるであろう」というものである。

「（a）観測する恒星に向かって地球が運動しているとき」は、観測者は焦点に向かって移動しており、この状態で焦点を合わせた状態で、「（b）6ヶ月後に地球が恒星から遠ざかっているときに観測したとき」は、観測者が焦点から遠ざかるので「焦点がずれて合わなくなるだろう」という予想である。

しかし、観測の結果は予想に反して「焦点のズレは起きず」（「屈折率は変化せず」）であった。

フレネルは、この予想に反する「屈折率は変化せず」の結果を受けて、1818 年にアラゴへ宛てた手紙の中で『エーテル随伴説』を唱えて、「屈折率は変化せず」の理由付けを行っている。筆者がその内容を理解できないため、ここでその「理由付け」の紹介は割愛する。

さて、「エーテル随伴説」は、前述のように、提唱から約 70 年後のマイケルソン・モーレーの実験で完全否定されている。その後に、アラゴの観測結果に理由が付けられたという話が見つからない。「相対性理論の世界」[8] や「近代科学の源流」[6] にも記載がない。

「屈折率は変化せず」の結果は、特殊相対性理論の「光速度不変の原理」が働いているかのように見えるが、光の波動性を普通に考慮すれば従来の物理の範囲で説明できる。次節ではこれを解説する。

アラゴ観測の結果の正しい考察

本節では、「光は、媒体の中を媒体に応じた伝搬速度で進む」という性質に基づいて、アラゴ観測の結果を正しく考察する。

図9.2に示すように、星から放出された光は、宇宙空間の真空という電磁場を媒体として伝搬して地球に到達する。その光はまず地球の大気に入射する。その際、「真空と大気の屈折率の違い」や「光と大気（地球）の相対速度」によって光の波長が変調する。大気へ入射後は、光は大気中の伝搬速度 c/n_a で地表へと向かう。

今、宇宙空間を波長 λ_0 の光が伝搬速度 c で伝搬しているとする。光の飛来方向に速度 v で移動している地球の大気へ1秒間に入射する光の波数（振動数）f_+ は、距離 $c+v$ の区間にある波長 λ_0 の波の数になるので、

$$f_+ = \frac{c+v}{\lambda_0} \tag{9.1}$$

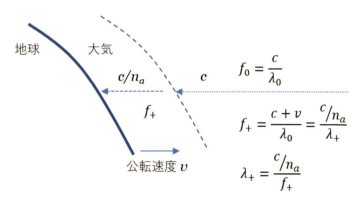

図9.2　大気に入射する光が波長変調する説明図

大気の屈折率を n_a とすると、大気に入射した光は c/n_a の速度で大気中を伝搬するので、大気中の波長 λ_+ を使って書き直すと、

$$f_+ = \frac{c+v}{\lambda_0} = \frac{c/n_a}{\lambda_+} \tag{9.2}$$

よって、大気中を伝搬する波の波長 λ_+ は、

$$\lambda_+ = \frac{\lambda_0}{n_a} \cdot \frac{c}{c+v} = \frac{\lambda_0}{n_a} \cdot \frac{1}{1 + v/c} \tag{9.3}$$

地球が、光の飛来方向とは逆に移動しているときは v を $-v$ で置換して、

$$\lambda_- = \frac{\lambda_0}{n_a} \cdot \frac{c}{c-v} = \frac{\lambda_0}{n_a} \cdot \frac{1}{1 - v/c} \tag{9.4}$$

言いたいことは、アラゴ観測実験は、媒体（空気）、レンズ（プリズム）、焦点、観測者という測定系の全てに相対速度が無い。

この観測は大気中の静止光源から λ_+ または λ_- の光を放ったときの、屈折率（焦点距離）の違いを観測する実験と等価になる。

したがって、図9.1にあるような、地球の公転方向によって観測者が焦点に向かって近づいたり離れたりといったことは起きない。

光の屈折率が光の波長に依存するので、厳密には λ_+ と λ_- で屈折率は異なる。ただ、$v/c \sim 1/10000$ なので、波長が約 $\pm 0.01\%$ 程度の違いである。この違いによる屈折率の違い（焦点距離の違い）を見分ける観測精度が必要になる。

おそらく、アラゴの観測はそこまでの精度が無かったのではないだろうか。そのために、焦点距離（屈折率）は変わらなかった、という結論になったと想像する。

10. 光行差角と光の接近速度の真実

図１０.１（ｂ）は、図４.６で示した「光行差による見かけの角度変位の一般的な説明図」であるが、この矛盾点を解説する。

まず（ａ）の $\theta = 90°$ の場合、光行差角 Δ は、$\tan\Delta = v/c$ の関係にあり、光は望遠鏡の中を垂直方向に光速度 c で伝搬しながら、水平方向に公転速度 v で観測者へ近づく。観測者への接近速度 u は、

$$u = \sqrt{c^2 + v^2} \tag{10.1}$$

ここには何も矛盾はない。

さて、（ｂ）の任意の入射角 θ の場合での接近速度 u は、

$$u = \sqrt{(c\sin\theta)^2 + (v + c\cos\theta)^2} \tag{10.2}$$

だから、この関係をアラゴ観測のような（ｃ）の $\theta = 0°$ の場合に適用すると矛盾が生じる。

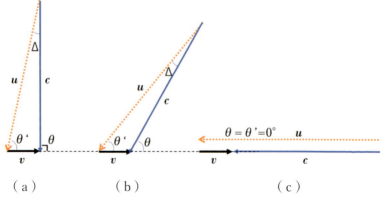

図１０.１　従来の光行差角の説明図

(10.2)式に $\theta=0°$ を適用した場合の接近速度 u は、

$$u = \sqrt{(v+c)^2} = c + v \tag{10.3}$$

となって、u が c と v とのベクトル合成の速度になってしまう。

しかし、前節で考察したように、宇宙から飛来した光は、大気へ入射する際に波長変調され、地球の公転速度もその波長変調に吸収される。前節で示したように、大気中では、大気を媒質とする伝搬速度 c となって観測者へ向かうので、接近速度 u は、観測者の運動の方向に依らず、$u=c$ とならなければならない。

以下で、光行差による見かけの角度変位の一般的な説明図に付け加えるべき補正を考察する。考慮するのは、「光の進行方向」に対する媒質の運動、つまり、大気（地球）の公転運動、の成分は波長変調に吸収される、という波動の性質である。

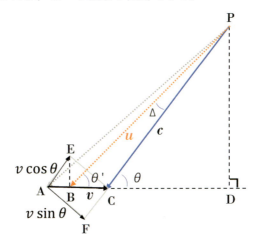

図１０.２　合成速度の矛盾を解決する光行差角の説明図

図１０.２において、∠APC が図１０.１の光行差角 Δ に相当するが、実際に観測されると思われる光行差角 Δ は∠BPC であることを以下に示す。

P→C 方向（∠PCD=θ）から速度 c で飛来してくる光を、A→C へ公転速度 v で移動する地上の観測者が捉えようとするとき、地球の公転速度の $v \cos\theta$ 成分（AE 成分：$\overline{AE} \parallel \overline{PC}$）は、光の波長変調に吸収される。

光行差観察に影響を及ぼすのは、地球の公転速度の $v \sin\theta$ 成分（AF 成分＝EC 成分：$\overline{AF} \parallel \overline{EC} \perp \overline{PC}$）で $\overline{EC} = \overline{AC} \sin\theta$ である。その EC 成分の A→C 方向の成分である BC 成分は、

$$\overline{BC} = \overline{EC} \sin\theta = \overline{AC} \sin\theta \cdot \sin\theta = \overline{AC} \sin^2\theta \tag{10.4}$$

正しい接近速度 u は、$\overline{PB} = \sqrt{\overline{PD^2} + (\overline{BC} + \overline{CD})^2}$ だから、

$$u = \sqrt{(c \sin\theta)^2 + (v \sin^2\theta + c \cos\theta)^2} \tag{10.5}$$

$$u = c \qquad for \ \theta = 0° \tag{10.6}$$

$$u = \sqrt{c^2 + v^2} \quad for \ \theta = 90° \tag{10.7}$$

となり、アラゴおよびブラッドレーの観測結果と一致する。

正しい光行差角 Δ は、$\overline{PC} \sin\Delta = \overline{BC} \sin\theta' = \overline{AC} \sin^2\theta \cdot \sin\theta'$ だから、

$$c \cdot \sin\Delta = v \cdot \sin^2\theta \cdot \sin\theta' \tag{10.8}$$

$$\frac{v \cdot \sin^2\theta}{c} = \frac{\sin\Delta}{\sin\theta'} \tag{10.9}$$

(4.1)式の左辺の v が、$v \cdot \sin^2\theta$ に置き換わった形となる。

図１０.2からもわかるように、恒星の真の方向 θ（観測者が静止しているときに見える恒星の方向）が小さいほど、点 B が点 C に寄るので、正しい光行差角 Δ（∠BPC）は、従来理論（∠APC）よりも加速度的に小さく観測される、ということがわかる。

　具体的に式を導出してみると、角度の単位を radian として、<u>従来の一般式</u>では、

$$\frac{v}{c} = \frac{\sin\Delta}{\sin\theta'} = \frac{\sin\Delta}{\sin(\theta - \Delta)} = \frac{\sin\Delta}{\sin\theta\cos\Delta - \cos\theta\sin\Delta} \tag{10.10}$$

$$c = v\left(\frac{\sin\theta\cos\Delta - \cos\theta\sin\Delta}{\sin\Delta}\right) = \frac{v\sin\theta}{\tan\Delta} - v\cos\theta \tag{10.11}$$

$$\tan\Delta = \frac{v\sin\theta}{c + v\cos\theta} \cong \frac{v\sin\theta}{c} \cong \Delta \tag{10.12}$$

θ が小さいときは、$\sin\theta \cong \theta$ だから、

$$\Delta \cong \frac{v \cdot \theta}{c} \tag{10.13}$$

となり、Δ（radian）は θ（radian）に比例する。

<u>正しい一般式</u>では、(10.12)式の v を $v \cdot \sin^2\theta$ で置換して、

$$\tan\Delta = \frac{v\sin^2\theta \cdot \sin\theta}{c + v\cos\theta} \cong \frac{v\sin^3\theta}{c} \cong \Delta \tag{10.14}$$

θ が小さいときは、$\sin\theta \cong \theta$ だから、

$$\Delta \cong \frac{v \cdot \theta^3}{c} \tag{10.15}$$

となり、Δ（radian）は θ（radian）の三乗に比例する。

あとがき

　相対性理論の世界は、「時間がゆっくり進んだり」、「長さが縮んだり」、「質量が増えたり」と、ほんとうに不思議な世界なので、興味があって、相対性理論に関する幾つかの解説書を目にしていた。その「不思議さ」は、正直な感覚では「違和感」であり、この違和感を素直に納得させてくれる解説本を探していた、というのが正しいかもしれない。

　そんな中ある日、Web 上に「アインシュタインの論文の『質量とエネルギーの等価性の初等的証明』は間違っていますよね」という書き込みを見かけた。その書き込みには、「何がどのように間違っている」という解説が無かったので、「自分でも間違いの有無を確認してみたい」という衝動に駆られた。

　その論文『質量とエネルギーの等価性の初等的証明』が掲載されている「アインシュタイン選集1」という本が、幸いにも自宅近くの市立図書館の蔵書にあり、自分の興味が薄れていく前に目的の論文を読むことができた。

　論文『質量とエネルギーの等価性の初等的証明』は、「運動量保存の法則」、「光圧の式」、「よく知られた光行差の式」の三つを使って証明する、との書き出しで始まっているのだが、自分は「光行差」という現象について全く知らなかった。

　そこで「光行差」を Web 上で調べていると、「ＦＮの高校物理」というサイトで詳しい解説があり、そこの参考文献に「近代科学の源流－物理学篇Ⅱ」が挙がっていた。そして、今思うと自分でも信

じられないことだが、自身初めて Web 注文をしてその本を手に入れた。

「近代科学の源流－物理学篇 II」には、「光行差」現象の発見者ブラッドレーの手紙が掲載されており、そこには観測データと共に星が変位して見える理由の解説が載っていて、その解説に十分納得がいった。

そして、光行差現象の理解を深めていくと、「光子に姿勢がある」、「光子に慣性が働く」ということに気付かされた。

この「光子の姿勢」と「光子の慣性」に留意して、

・アインシュタインの『質量とエネルギーの等価性の初等的証明』を読んでみると、この論文の思考実験からは数学的に $E=mc^2$ の導出は不可能であることがわかった。

・マイケルソン・モーレーの実験の論文を読んでみると、彼らの干渉縞変化の導出方法が間違っていて、正しい導出では干渉縞が変化しないのが極自然なことであり、干渉縞が変化しなかった観測結果の辻褄合わせのためにローレンツ収縮（短縮仮説）の導入は不要であることが分かった。

本書の考察では、新奇な理論を持ち出してはいない。特殊相対性理論以前の物理学の範囲で考察を進めた結果の「間違いの気付き」である。

この考察の結果を共有したく、そして、上記二つの本との出会いが運命的であるがゆえに、「間違いを指摘する使命感」というものを“勝手”に感じて、本書を執筆することとした。

参考文献

1. アインシュタイン選集1，湯川秀樹監修，共立出版

2. 電磁気学を理解する，関根松夫、他，朝倉書店

3. ファインマン物理学II 光 熱 波動，富山小太郎訳，岩波書店

4. 量子革命，青木薫訳，新潮文庫

5. 「超」入門 相対性理論
   アインシュタインは何を考えたのか，福江純，講談社

6. 近代科学の源流－物理学篇II，大野陽朗監修，北海道大学出版会

7. 天文学史の試み，広瀬秀雄，誠文堂新光社

8. 相対性理論の世界
   はじめて学ぶ人のために，中村誠太郎訳，講談社

9. 相対論の正しい間違え方，松田卓也、他，丸善出版

10. シリーズ 現代の天文学 13
    天体の位置と運動［第1版］，福島登志夫編，日本評論社

11. NHK テレビテキスト 2012 年 11 月
    アインシュタイン 相対性理論，佐藤勝彦，NHK 出版

12. 光と重力
    ニュートンとアインシュタインが考えたこと，小山慶太，講談社

成毛　清実（なるけ　きよみ）

1958年北海道千歳市美笛生まれ。1978年苫小牧工業高等専門学校（電気工学科）卒業、1980年電気通信大学（通信工学科）卒業、1982年東京工業大学大学院（電子システム専攻）修了。㈱東芝（1982年4月〜2014年3月）、東芝メモリシステムズ㈱（2014年4月〜2018年3月）、キオクシア㈱（2018年4月〜2024年3月）に勤務。東芝入社以来、半導体デバイス（主に不揮発性メモリ）開発に従事。

光行差の真実

特殊相対性理論の瓦解

2024年12月7日　初版第1刷発行

著　者	成毛清実
発行者	中田典昭
発行所	東京図書出版
発行発売	株式会社 リフレ出版

〒112-0001　東京都文京区白山5-4-1-2F
電話 (03)6772-7906　FAX 0120-41-8080

印　刷　株式会社 ブレイン

© Kiyomi Naruke
ISBN978-4-86641-825-4 C0042
Printed in Japan 2024

本書のコピー、スキャン、デジタル化等の無断複製は著作権法上での例外を除き禁じられています。本書を代行業者等の第三者に依頼してスキャンやデジタル化することは、たとえ個人や家庭内での利用であっても著作権法上認められておりません。

落丁・乱丁はお取替えいたします。
ご意見、ご感想をお寄せ下さい。